遗传和进化

不列颠图解科学丛书

Encyclopædia Britannica, Inc.

中国农业出版社

图书在版编目（CIP）数据

遗传和进化 / 美国不列颠百科全书公司编著 ; 董馨
阳译. -- 北京 : 中国农业出版社, 2012.9
（不列颠图解科学丛书）
ISBN 978-7-109-17108-4

Ⅰ.①遗… Ⅱ.①美… ②董… Ⅲ.①遗传学—普及
读物②进化—普及读物 Ⅳ.①Q3-49②Q11-49

中国版本图书馆CIP数据核字(2012)第194820号

Britannica Illustrated Science Library
Evolution and Genetic

© 2012 Editorial Sol 90
All rights reserved.

Portions © 2011 Encyclopædia Britannica, Inc.
Encyclopædia Britannica, Britannica, and the thistle logo are registered trademarks of Encyclopædia Britannica, Inc.

Photo Credits: Corbis, ESA, Getty Images, Micheal Simpson/Getty Images, Graphic News, NASA, National Geographic, Science Photo Library

Illustrators: Guido Arroyo, Pablo Aschei, Carlos Francisco Bulzomi, Gustavo J. Caironi, Hernán Cañellas, Leonardo César, José Luis Corsetti, Vanina Farías, Manrique Fernández Buente, Joana Garrido, Celina Hilbert, Inkspot, Jorge Ivanovich, Iván Longuini, Isidro López, Diego Martín, Jorge Martínez, Marco Menco, Marcelo Morán, Ala de Mosca, Diego Mourelos, Laura Mourelos, Pablo Palastro, Eduardo Pérez, Javier Pérez, Ariel Piroyansky, Fernando Ramallo, Ariel Roldán, Marcel Socías, Néstor Taylor, Trebol Animation, Juan Venegas, Constanza Vicco, Coralia Vignau, Gustavo Yamin, 3DN, 3DOM studio

不列颠图解科学丛书
遗传和进化

本书简体中文版由Sol 90和美国不列颠百科全书公司授权中国农业出版社于2012年翻译出版发行。
本书内容的任何部分，事先未经版权持有人和出版者书面许可，不得以任何方式复制或刊载。

著作权合同登记号：图字 01-2010-1420 号

项 目 组：张 志 刘彦博 杨 春
策划编辑：刘彦博
责任编辑：刘彦博
翻　　译：董馨阳
译　　审：张鸿鹏
设计制作：北京亿晨图文工作室（内文）；惟尔思创工作室（封面）
出　　版：中国农业出版社
　　　　　（北京市朝阳区农展馆北路2号 邮政编码：100125 编辑室电话：010-59194987）
发　　行：中国农业出版社
印　　刷：北京华联印刷有限公司
开　　本：889mm×1194mm 1/16
印　　张：6.5
字　　数：200千字
版　　次：2013年3月第1版　2013年3月北京第1次印刷
定　　价：50.00元

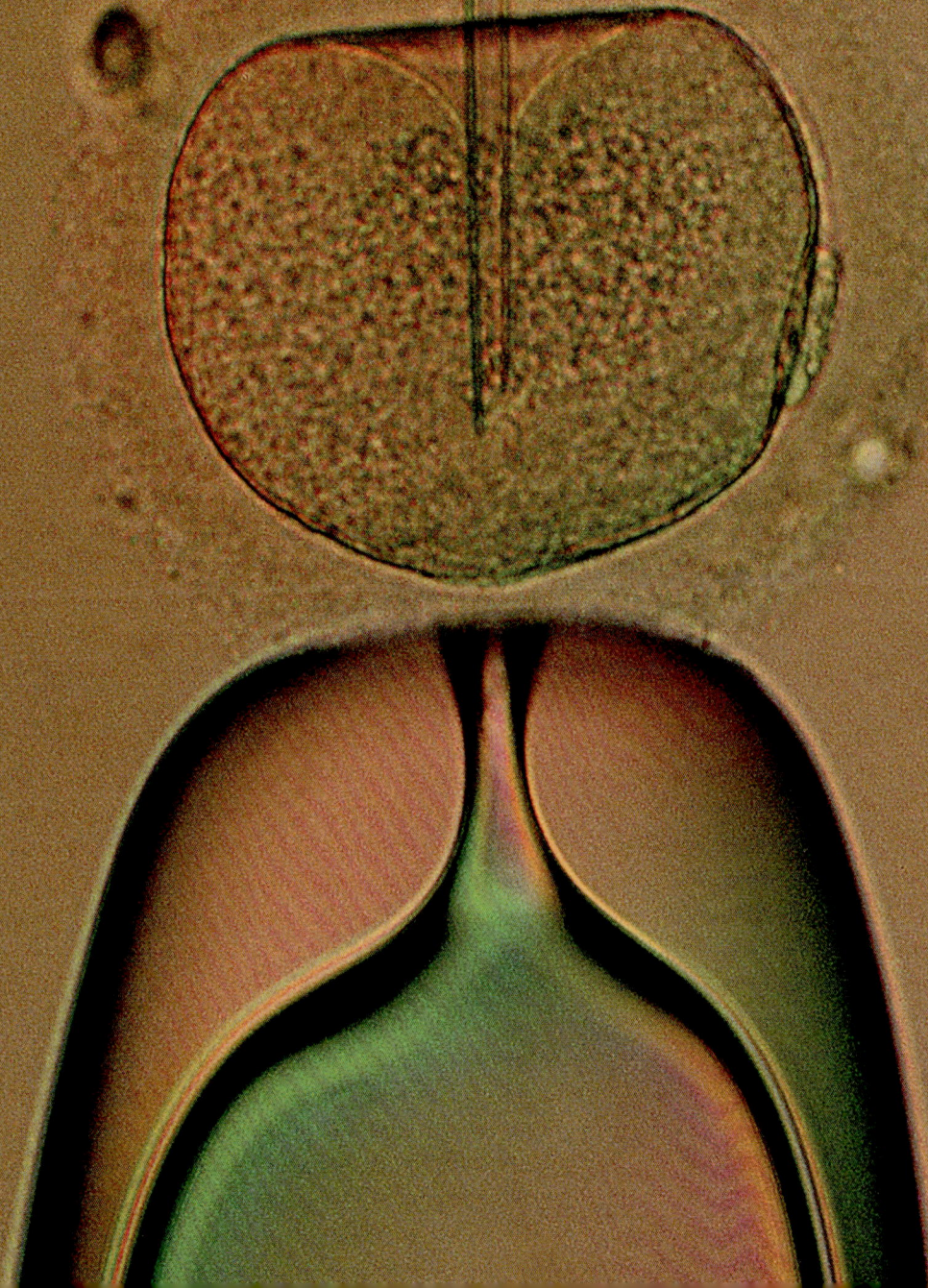

遗传和进化

目 录

第一页照片
体外受精。图片显示了将精
子注入卵细胞的瞬间。

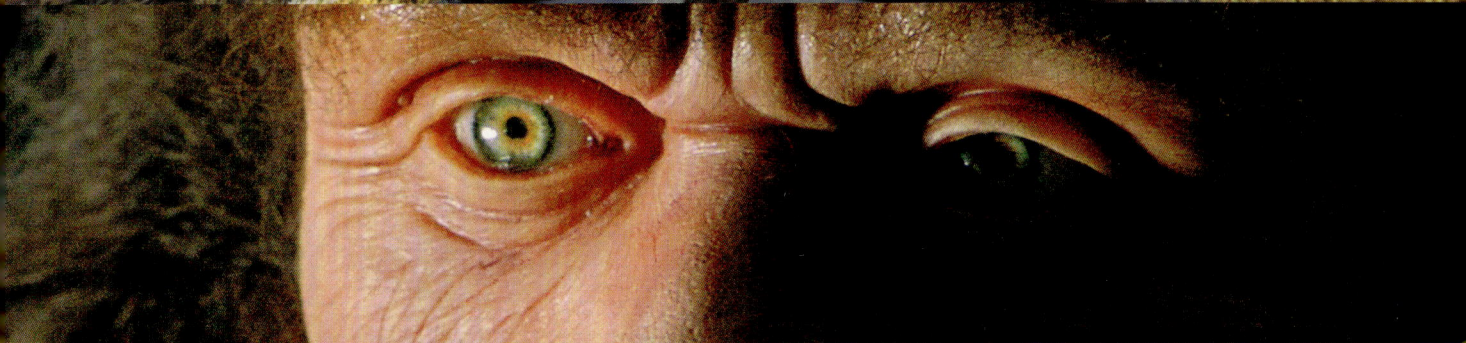

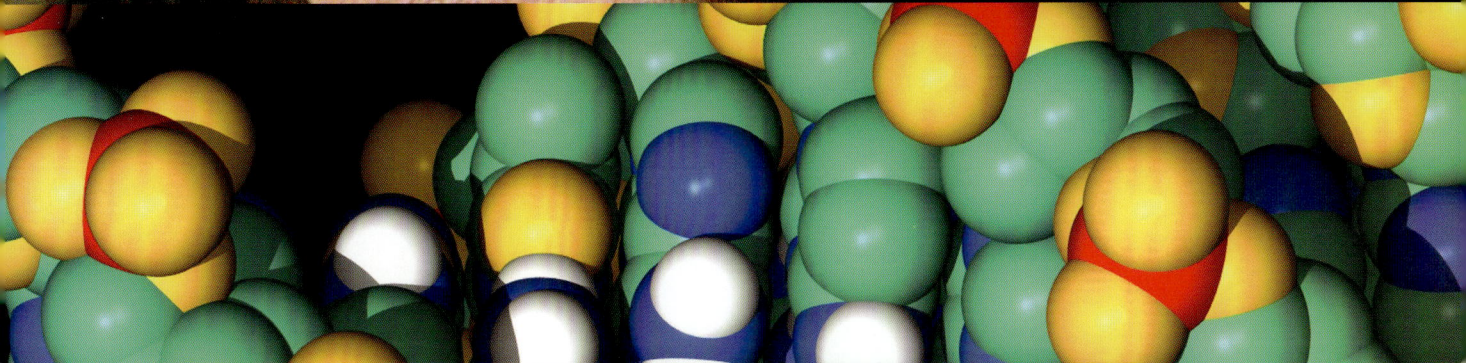

过去,现在和未来

来自过去的面孔
南方古猿头骨（下图）颅骨较小而下颌骨较为强壮。右图中，新人的代表克鲁马农人的头骨则显示出更为进化的颅骨以及更大的脑容量。

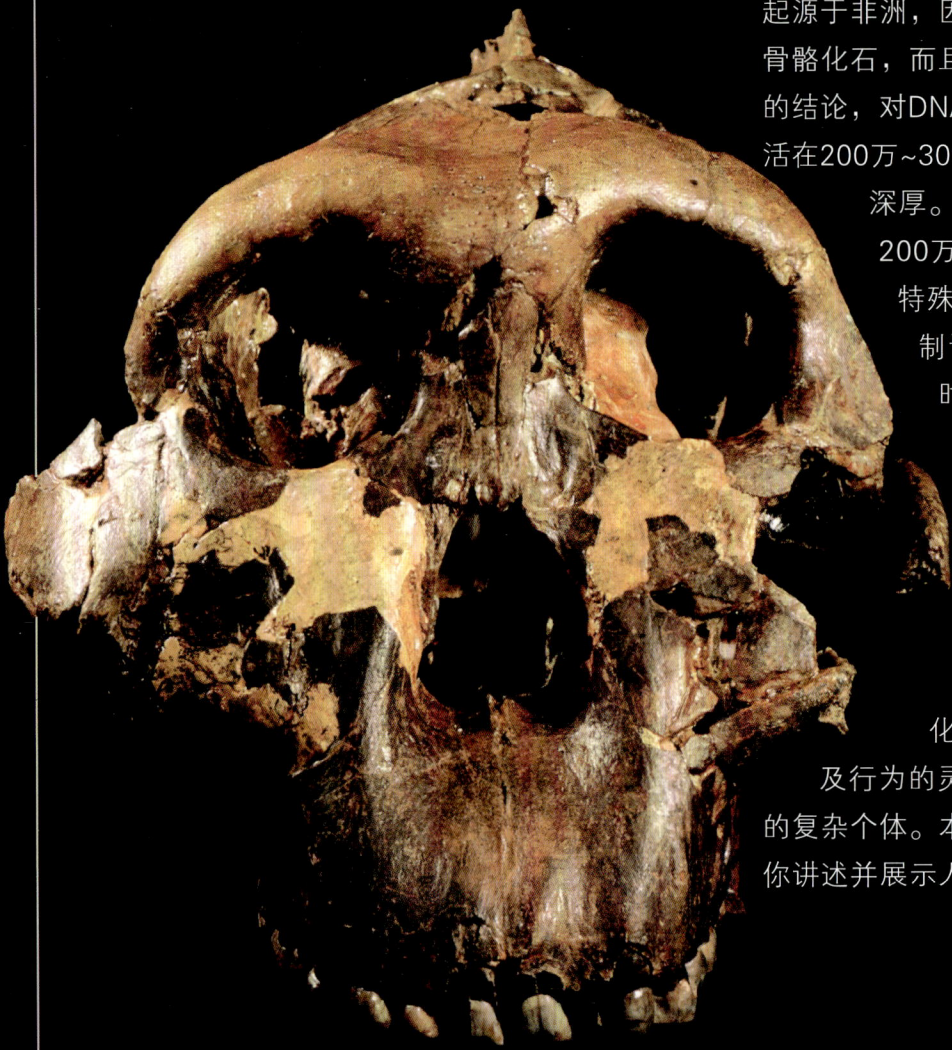

人类是从何时开始出现的？是什么使我们与其他的动物如此不同？语言是如何发展起来的？为什么破译人类基因组序列如此重要？这本书对这些问题以及很多其他关于人类进化奥秘和奇迹的问题做出了回答。科学家们认为现代人类起源于非洲，因为在非洲发现了最为古老的人类骨骼化石，而且最近在遗传学领域也得出了相同的结论，对DNA的研究证实了所有的人类都与生活在200万~300万年前的非洲狩猎—采集者渊源深厚。通过研究化石，专家们还发现，200万年前的人类头骨已经进化出两个特殊的突起，如今它们是大脑用来控制语言的区域，而这种能力对于当时的早期人类而言，可能与磨尖岩石或投掷尖状兵器的能力同样重要。如今，科学使我们能够断言，大脑在物种进化的过程中发生了巨大的改变，而人类的大脑则进化到了更为复杂的程度。除其他因素之外，大脑的进化极大地加强了存储信息的能力以及行为的灵活性，使人类成为令人难以置信的复杂个体。本书旨在通过众多奇妙的图片，向你讲述并展示人类在历史长河中历经了无数次成功和失败后所发现的奥秘，以及发现的新问题。这些新问题有助于塑造我们所生活的这个世界，这个科学、技术、艺术和工业的发展不断带给我们惊喜，有时也使我们为之颤栗的世界。历史上不断地发生飞跃性的进步，可能千百年寂静无事，而忽然出现的新转机或新发现就会给人类的发展注入巨大动力，比如驯化动物和种植植物就带来了一场深刻的社会变革。这段1万~1.1万年前的史前时期被称为新石器时代，它为文明的发展开辟了道路。由于能够无需四处奔波而获得食物，人类历史上最初的村庄形成了，人口迅猛增长。

你手中的这本书通过简明易懂的方式解释了这一切。在这本书中你还可以发现有关遗传分子DNA结构研究的最新发现，这些发现开启了新的研究领域，它有助于临床学和法医学研究，并且对生命起源和我们人类未来的发展方向提出了新的课题。解开人类基因组序列不仅对于解释我们为什么在这里、并探索我们的进化历史异常重要，而且它还为改变我们的未来提供了可能。在未来的几十年中，基因疗法将能够治愈因基因缺陷引起的遗传性疾病。此外，如果能够事先了解某人会患上某些疾病的可能性，对于人类健康而言具有极为宝贵的价值，因为这样就可以根据个体的需要选择相应的检查和治疗手段。对干细胞的应用是另一个极具前景的医学研究领域，干细胞具有独特的能力，在未来也许可以利用它使器官或受损的组织再生。无需等待，翻过这一页开始享受这本书吧，这将是这次探险之旅的起点。

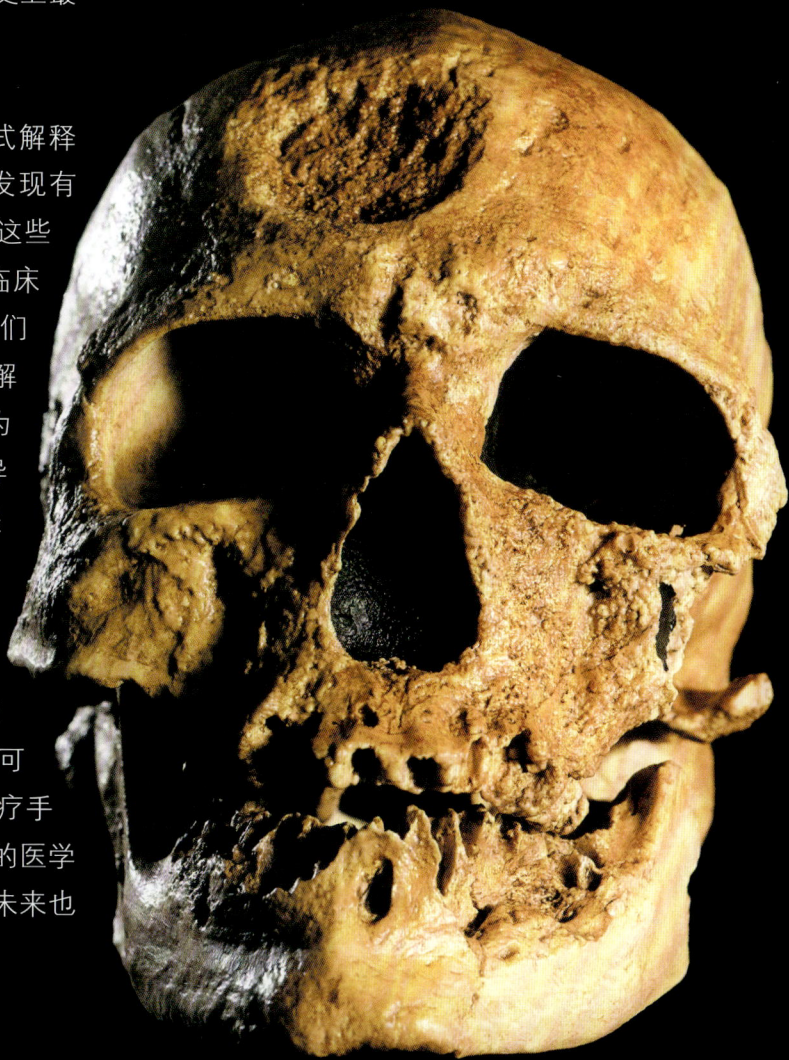

神话与科学证据

不应将物种的进化视为一个孤立事件，因为它是不同要素之间复杂且不断相互作用的结果。它不仅体现着数不胜数的基因突变现象，还体现着环境变化、海平面波动、不同营养成分的改变，甚至还能体现地球磁场逆转或大

黑羊
这只黑色绵羊的颜色正
是基因的明确表达，基
因的作用就在于能够帮
助确定不同的特征。

陨石对地表产生的巨大影响。在这一章中，
我们将向你讲述世界上一些最遥远地区的故
事和传说，以及丰富繁杂的关于生命和人类

起源的科学理论。这一章的一些奇异的事实
和图片会令你大吃一惊。●

丰富多彩的信仰

在科学理论出现之前，世界上大多数民族对世界和人类的起源有着各自不同的理解，并主要通过神话故事的形式表现出来，很多神话通过各种宗教教义流传至今。有些神话故事中，世界和人类的起源都与一个或多个以神或半神为形象的造物主有关。在另外一些神话中，世间万物既没有起始也没有终结。中非地区的一个关于人种起源的传说将人和猴子联系在了一起。●

比例
头部的大小比例表现出其所象征的重要意义。

造物

▶ 印度是多文化的农业大国，有着上千年历史的宗教仪式至今依然存在。不过，印度宗教文献的编纂却发生于不同的时期，跨越公元前10世纪(《梨俱吠陀》)至公元16世纪(《往世书》)，这些文献对人类起源的阐述也不尽相同。根据其中一部文献的记载，诸神源自原人普鲁沙且又分割了原人普鲁沙的身体，由他身体的各个部位产生了不同的种姓。

梵天
造物之神
另一部文献称梵天直接造就了世界上第一个人。这尊雕像就是梵天的人形化形象。

雌雄同体
根据更为近代（15世纪以后）的文献记载，梵天创造的第一个人叫做摩奴，他是雌雄同体的。故事中称由于摩奴兼具两性特征，所以他生下了一些孩子，有男有女。

约鲁巴面具
同时表现了两种性别。

非洲：从猴子到人

▶ 如今非洲大陆被认为是人类的摇篮，很多非洲神话也解释了人类的起源，其中一个神话把人类和猴子的起源交织在了一起。根据这个神话，造物神马鲁库在大地上挖了两个洞，世界上的第一个女人和第一个男人就这样破土而出。神教他们如何耕种，但是他们却置若罔闻，导致大地干旱。马鲁库惩罚了他们，将他们驱逐到雨林中，给他们安上了猴子的尾巴，后来又去除了猴子的尾巴，命令猴子变成"人"。

反叛

犹太教、伊斯兰教以及基督教各派均支持《圣经》中《创世纪》的说法。根据《创世纪》，整个世界是由上帝在七天内创造的。造物主"参照自己的形象"在第六天创造了人类的祖先。所有的创造都是为了让这个新生物能够统治自然。第一个女人夏娃是用亚当的肋骨制作的。因为偷食了禁果、违背了造物主的意愿，亚当和夏娃被逐出伊甸园。亚当被罚耕种土地，夏娃则要遭受分娩之苦。他们共生下了三个儿子，是人类的始祖。

伊甸园
《圣经》故事发生在美索不达米亚的地上乐园里。在乐园中生活着所有的生物，人类只需按需取用。

两种性别
尽管《创世纪》在这个问题上略显矛盾，主流观点称上帝在亚当沉睡之际取下了他的一根肋骨，用这根肋骨制作了夏娃。这就是纽伦堡《圣经》插画里所表现的故事。

人形
基督徒将造物主和天使用人的形象加以表现，然而犹太教和伊斯兰教并未将他们的神具化成人的形象。

禁果
根据《圣经》的讲述，亚当和夏娃偷食了长在善恶树上的果子。

神的气息

上图和1541年梵蒂冈教堂绘制的天顶画《最后的审判》残片表现了神通过气息或触摸赋予了人类生命。其他许多文化将生命与世界造物神的呼吸等同起来。例如，埃及神话中的"无限之神"拉神的呼吸变成了空气，是生命不可或缺的元素。

《创世纪》
米开朗基罗在梵蒂冈西斯廷教堂绘制的杰作。

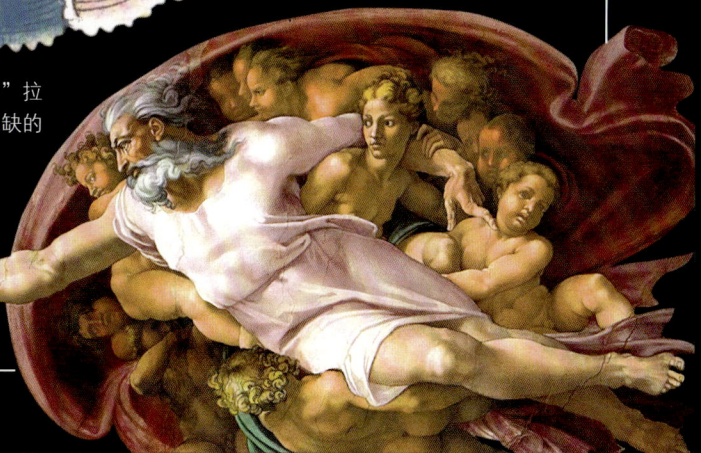

进化的时间问题

大约在18世纪，科学的发展要求对世界和生命的起源重新做出不同于神话的解释。即使在达尔文之前，自然学家的研究与不断被发现的化石已经指出了这样一个事实，那就是时间不应以年而应以数千年为单位来计算。是时间使得各个物种变成了它们今天的样子，一代又一代不断地发生着的遗传突变，其与环境的相互作用决定了最为适应环境的特质将被遗传（自然选择），后代的进化与其祖先保持亲缘上的关系。与其说这是一种"改善"，不如说是一种导致多样性的改变，古生物学或遗传学研究由此追溯出进化路线的不同分支。●

共同的历史

外表看似大相径庭的动物，其身体的基本结构原理有可能是相同的。例如，狗、鲸和人都属于哺乳动物，它们都拥有相似的骨骼结构，都拥有脊柱和与之相连的两对躯肢，这表明它们拥有一个共同的祖先。在哺乳动物中，即便彼此形态不同，躯肢的骨头也是相似的。

图例

● 肱骨   ● 尺骨   ● 桡骨   ● 腕骨   ● 掌骨

对哺乳动物来说，它们的躯肢的基本结构极为相似：上部的一根骨头（肱骨）连接着一对下部的骨头（桡骨和尺骨），接着是腕骨和掌骨以及五根指骨。

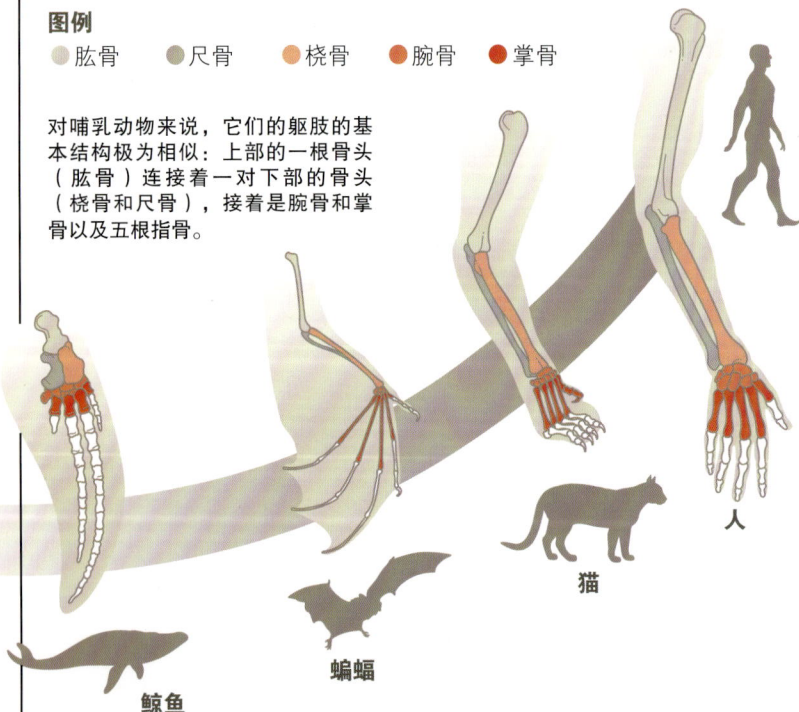

人

猫

蝙蝠

鲸鱼

A

化石遗迹

在不同地质历史时期形成的地层内，保存着不同的化石，这些化石承载着过去生命存在的证据。分析化石有助于确定化石的年代。通过对化石类群的研究，可以了解古代的群落结构、造成特定物种灭绝的原因以及动植物是如何随着时间的推移而进化的。

石化化石

可以通过地质学或生物分子的分析方法对这块被发掘出来的惧龙属头骨化石进行研究。

每20 000个

已灭绝的物种形成的化石中，只有一个会被发掘出来。

1 **恐龙**
生活在几百万年前的动物，留下了化石遗迹。

2 **沉积**
河流和海洋沉积物覆盖着骨骼沉积，形成岩层。

恐龙化石较为典型的年龄为

1.5亿年。

3 **掩埋**
细菌和其他地下生物能够使被掩埋的骨骼发生变化。

4 **发现**
地表受到侵蚀，使我们能够发现数百万年前的化石遗迹。

B **遗传学**
使用先进的分子生物技术，我们可以研究某一物种的进化遗痕，并研究其进化路线在哪里出现了分支。许多人类学家使用线粒体DNA（由母亲遗传）重塑人类的进化历程。这种分析方法同样适用于重塑动物的家谱。

进化过程

除了查尔斯·达尔文在19世纪提出的著名的自然选择理论之外，在微进化层面还有其他一些正在研究中的进化过程理论，如基因突变理论、基因漂移理论（即迁徙）以及遗传漂变理论。然而，进化过程的必要前提是遗传变异，即某一特定种群的某些基因（等位基因）比例随着时间的流逝而发生改变。这些遗传差异可以传给后代，因此保证了进化过程得以延续。●

A

自然选择

这是进化的基本机制之一。它是物种生存和适应环境变化的过程，包括消除某些性状，同时加强另外一些性状。当同一种群中具有某些性状的个体比其他个体拥有更强的生存或繁殖概率时，这种革命性的变化就会出现，进而将这些遗传性状传给后代。

长颈鹿发生的遗传变异

1

竞争
19世纪时，由于达尔文和拉马克等人的理论，人们相信长颈鹿的祖先脖子是很短的。

2

突变
基于自发突变，某些长颈鹿的脖子变得比较长，这使它们能够在食物竞争中得以生存。

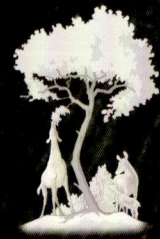

3

适应
长脖子使长颈鹿得以生存，并将这种性状遗传给后代。

尺蠖蛾与环境

尺蠖蛾生活在树皮苔藓上，根据基因（等位基因）的不同分为灰蛾和黑蛾。在英国工业革命之初，灰蛾比黑蛾能更好地自我伪装，因此可以更好地躲避天敌。而这一切都因为污染使树干变黑而发生了逆转。

1

拟态
拥有灰色等位基因的尺蠖蛾由于便于伪装而获得了数量上的增长。

这是1994年在英国诺福克郡发现的一种隐蔽在树上的钩蛾。

B

突变

突变是由于DNA中的遗传物质序列发生了改变。当细胞分裂时，会对自身的DNA进行复制，然而有时复制可能存在缺陷。这种变化可能是自然的，比如DNA复制（减数分裂）出错，也有可能是由于受到辐射或接触到某些化学物质而发生。

过程
突变是在DNA复制过程中产生的差异。

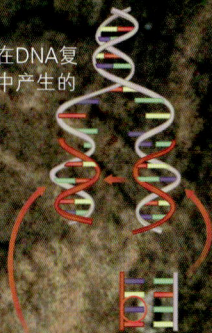

发生突变的复制　　正确的复制

C

基因漂移

是指基因从一个种群转移至另一个种群的现象，特别是当两个种群共享同一等位基因（基因的不同版本）时容易产生这种现象。例如，当棕色甲虫和绿色甲虫种群混合时，绿色甲虫种群中更容易产生棕色甲虫基因。由于混合而产生新的等位基因时也会出现这种现象，比如欧洲人与印第安人的基因混合。

D

遗传漂变

是指与环境无关的某一种群遗传结构的逐步改变。与自然选择不同，这是一个随机的过程，与适应性无关。遗传漂变主要发生在群体里每个个体都携带着很大比例的基因库信息的小群体中，特别是新的群体建立（创始效应），或个体大量死亡时，需要根据较小的基因库重建种群的时候（瓶颈效应）容易发生遗传漂变。

3

存活
具有黑色等位基因的尺蠖蛾数量增长，超过了具有灰色等位基因的尺蠖蛾。

95%

这是在城镇地区发现的黑尺蠖蛾所占的比例。

2

污染
由于工业对环境造成污染，拥有黑色等位基因的尺蠖蛾能够更好地适应新的环境。

生存，还是死亡

协同进化这一概念是科学家用来从一个群体的角度描述进化过程的，因为没有一个单一的物种独自完成了进化过程。相反，随着时间的流逝，物种之间建立起了不同层次和类型的关系，对其各自的进化过程产生相互的、不断变化的影响。自然选择和适应是每个物种迄今为止都经历过的两个进程，而这一切都依赖于这些相互关系。●

不同类型的相互关系

如果每一个物种的进化都是孤立存在的话，那么共同导致协同进化的相互关系和适应便不会存在。实际上，在为生存而战的过程中，某些物种会根据其他物种发生的进化改变而做出反应。比如对于食肉动物来说，如果它们的猎物拥有了更快的速度，捕食将会变得愈加困难，猎物的数量将会增多，进而导致物种数量上的不平衡。因此，食肉动物和猎物的奔跑速度变化都依赖于它们相互之间带给对方的压力。在自然界中存在着不同类型的相互关系，由于情况非常复杂，我们并非总是能够很明确或轻易地指出各物种在协同进化过程中可能建立的相互关系。而相互关系包含的内容范围很广，从无相互影响到捕食，从协同合作到竞争，甚至寄生。

A 偏利共栖

是指两种生物中有一方获益，而另一方既不受损也不受益的相互关系。共栖关系包括很多种类型：传运，指一个物种将自身附着于另一物种以便移动；寄居，指一个物种生活在另一物种的巢穴中；半共生，比如寄居蟹生活在死去的蜗牛壳内。

B 互惠共生

是指两个物种间相互受益的关系。这种关系可能看似只是当事生物之间达成某种协议，但实际上这是漫长而复杂的进化和适应过程的结果。互惠共生关系的例子不胜枚举，但最有名的要数非洲牛背鹭，牛背鹭以大型食草动物如野牛和非洲羚牛的寄生虫为食。从某种程度上而言，牛背鹭获得了食物，而食草动物则可以摆脱寄生虫带来的困扰。

环 境

与协同进化相互作用，比如对某一物种有益或有害的环境变化。

C 寄生

是指只有某一生物（寄生生物）能够在这种关系中获得好处的一种不对称关系。寄生是一个捕食的极端例子，它需要寄生生物具备能够通过各种不同途径进入寄主，甚至在寄主体内存活的基本适应能力。例如在非洲水牛的主动脉内就可能寄生着一种叫做波尔油脂线虫的寄生虫。

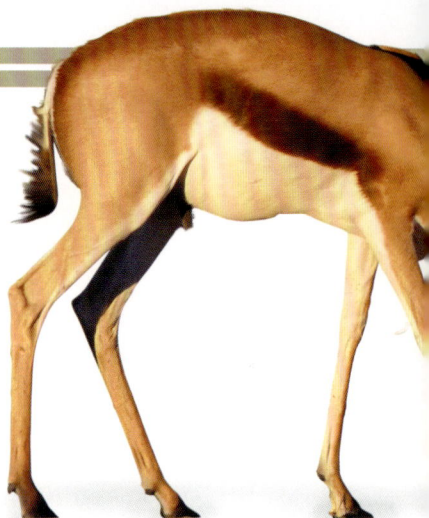

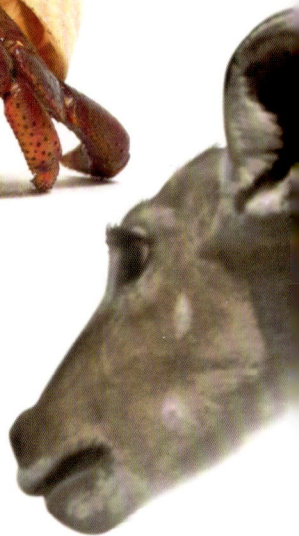

竞争
同一物种之间也存在着竞争，有时是为了食物，有时是为了争夺配偶。

D **竞争**

当两个或多个生物需要从有限的来源获取资源时便会出现竞争。这种关系对于自然选择和进化进程而言具有最为重要的影响。竞争关系分为两种类型，一种是通过干涉，即通过一种行为限制其他物种获得资源（比如一种植物的根系阻止其他植物吸收营养）。另一种竞争类型则是通过掠夺，这在捕食关系中较为典型，如捕食同一物种的狮子和猎豹。在第二种竞争类型中，还存在着竞争排斥原则，因为每个物种都倾向于消除其竞争对象。

大辩论

在进化学领域的科学家看来，进化的动力到底是合作还是竞争至今尚不明确。自19世纪以来，竞争促进进化的观点受到了科学界的认同。

E **捕食**

是指一个物种狩猎、并以被捕猎物种为食的相互关系。需要理解的是，捕猎关系双方都对对方施加压力，并据此进行相互调节。捕食有几种不同的情况，有些捕食者只捕杀一种猎物，而有些捕食者则能够以很多物种为食。这种区别决定了不同的适应能力。狮子、斑马和捻角羚之间就属于后一种情况。

临界点

进化理论提出的一个重要问题就是新物种是如何诞生的。有假说认为，如果某一群体与种群中的其他个体分离（比如这一群体生活的条件发生了变化，不同于其父辈的生活条件），并停止与其他个体互动，经过几代之后，被孤立的个体将会产生遗传突变，这使它们发生与其过去所属种群完全不同的表型变化，它们发展出的性征过于独特，从而成为了一个新物种。从进化的观点看来，这可以使我们理解为什么新谱系不断地出现，为什么生命多样性不断地增加。●

新物种的起源

同一物种的个体看起来较为相似，并只在该物种之间繁衍生息，而不与其他物种交配。物种的产生分为两种情况，一种是由单一物种产生两种或多种新的物种（分支进化），另一种是由两个不同物种杂交而产生多个丰产的个体（种间杂交），后一种情况在自然界中较为少见。分支进化的原因可能是由于存在地理隔绝，也可能只是由于同一物种个体种群之间缺乏基因漂移，即使它们处于同一地区。

旋蜜雀

不同的新物种可能源自相同的祖先。所有夏威夷旋蜜雀都是从同一祖先进化而来的。它们拥有不同颜色的羽毛和喙。如今，最初的物种已经灭绝。每一代新生的旋蜜雀的饮食都会发生变化。

镰嘴雀
Hemignathus munroi
以树皮下的昆虫为食。

镰嘴管舌鸟
Vestiaria coccinea
仅以花蜜为食。

白臀蜜鸟
Himatione sanguinea
以昆虫和红花树花的花蜜为食。

毛伊岛厚喙雀
Pseudonestor xanthophrys
掀开树皮寻找甲壳虫。

喙

如此不同的喙的外形揭示了每种鸟适应其饮食变化的情况。

夏威夷绿雀
Hemignathus virens
拥有弯曲的喙，以花蜜为食。

尼岛拟管舌雀
Telespiza ultima
能用坚硬的喙啄开种子。

选种

尽管犬类千差万别，但是它们是如此相近，仍然可以互相进行交配。不同的狗仍然同属一个物种，但是人工选择育种很好地体现了分化是如何受到青睐的，而在自然界做到这一点却需要漫长的时间。当两个群体分离并发生分化后，选种可以是错位的；当某一群体的显性性状发生变化时，选种可以是定向的；当变化逐渐减少而个体越来越相近时，选种则可以起到稳定作用。

灰狼
这种家犬的祖先非常聪明并高度社会化。一般以8~12只为一群，共同行动。

西伯利亚爱斯基摩犬
家犬
不同于经过10 000年的人工驯养进化而来的德国牧羊犬，西伯利亚爱斯基摩犬保留的性状更接近灰狼，而灰狼是所有狗的祖先。

德国牧羊犬
家犬
这种犬强壮且可受训，能够不知疲倦并且非常警觉地看守牛群和羊群。

生命起源

要看到地球上新的复杂生命形式是如何出现的，就要充分地发挥我们的想象力。数百万年间生命的发展完全是静止的，突然有一天，这个一直停滞的世界突然爆发式地出现了许多新形式的生命，这个现象被称为寒武纪生命

史前动物
上新世时期的泰坦鸟（一种骇鸟）和三趾马的重塑图像。

大爆发。化石记录显示，这一时期生命形式的门类多得令人难以置信。同时海洋中也诞生了许多新物种，而统治元古宙的叠层岩生物在这个时期大规模地灭绝了。在这一章中，你还将了解新物种是如何不断地出现，并使整个地球表面生机勃勃。●

穿越时光

科学家通过研究地质构造和化石，重现了地球上的生命的历史。科学家认为，地球大约形成于46亿年前，地球上的第一个生命——单细胞生物大约出现于地球形成的10亿年之后，自此，地球上的无数生物物种经历了诞生、演化和灭绝的过程。通过对化石进行研究，古生物学家能够展示许多已经从地球上消失的植物和动物。●

如何开始

地壳形成
已知的最古老的岩石形成于大约40亿年前，已知的最古老的晶体形成于大约46亿年前。

厌氧生物和水生生物
初始的大气中并不含有氧气，最初的生物（细菌）都采取厌氧呼吸。

熔岩变成岩石
初始的陆地表面是较薄的地层，分布着许多火山，非常耀眼的熔岩不断从地球内部的这些火山喷薄而出。随着熔岩冷却，地壳逐渐变硬增厚。

氧气出现
地球上的生命依赖于氧气的存在，大约21亿年前，在大气圈和地表开始出现氧气。氧气为基本的化合物形成提供了可能，例如水和二氧化碳，图为二氧化碳分子模型。

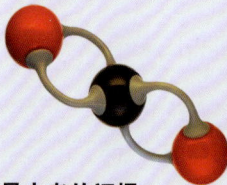

最古老的证据
叠层石，这种化石形成于大约35亿年前，是地球上最古老的生命的证据之一。这些化石的形成年代与生活在水下的单细胞藻类一致。在这幅图中，你可以看到一块在美国发现的同圆藻化石。

奇异的化石
这块发现于澳大利亚埃迪卡拉硫铁锡铜矿区的化石是最古老的后生生物，即多细胞动物的化石之一，它至少形成于6亿年前。埃迪卡拉化石很好地保存了刺胞动物类群的特征。

得到保护的生命
寒武纪时期最常见的动物生命形式已经显示出良好的身体结构。许多动物都拥有膜瓣或者壳作为保护。

蒙特虫
具有类似于海绵的钙质结构。它们生活在寒武纪海洋中。

海百合化石
这些古老的海洋无脊椎动物化石是典型的志留纪时期化石，广泛分布于沉积岩中。

寒武纪生命大爆发
多细胞物种突然大量出现。

征服陆地
志留纪出现了第一批陆生物种。植物从最初的沉积区域登陆，而甲壳类生物离开了水。

无颌鱼类
最古老的鱼类被称为无颌鱼类，它们没有颌骨。这种发现于浅水的鳍甲鱼是一种志留纪生物。

大规模灭绝
气候的巨大变化以及其他情况的变化导致了第一次大规模的物种灭绝，大量的化石为此提供了证据。

四足动物
这种非常古老的两栖动物被称为棘螈，生活在泥盆纪。

有鳞类动物
图为鳞齿鱼的鳞片，鳞齿鱼是一种古代鱼类。这些鱼身上覆盖着类似于珐琅的物质，坚硬而有光泽。今天大部分爬行动物和鱼类都有鳞片。

46亿年前
形成地球的基本物质冷凝成岩石。

10亿年前
几个大的大陆板块汇聚在一起，形成了罗迪尼亚超大陆。

2.7亿年前
陆地再次汇聚为一整块大陆，被称为盘古大陆，这里将成为我们今天所知道的大陆的起源。冰期反复来临，古地中海特提斯洋形成。

2亿年前
劳亚古大陆（北美洲、欧洲和亚洲）和冈瓦纳古大陆（南美洲、非洲、大洋洲和南极洲）彼此分离。

大规模灭绝		60%的物种		80%的物种		95%的物种	
46亿~25亿年前	25亿~5.42亿年前	5.42亿~4.88亿年前	4.88亿~4.44亿年前	4.44亿~4.16亿年前	4.16亿~3.59亿年前	3.59亿~2.99亿年前	2.99亿~2.51亿年前
太古宙	元古宙	寒武纪	奥陶纪	志留纪	泥盆纪	石炭纪	二叠纪
前寒武纪时期		古生代					

时间轴

在地球生命漫长的历史中，大部分时间扮演主角的都是简单的单细胞生物，比如细菌。细菌已经在地球上存在了超过30亿年。相比之下，中生代时期（2.5亿~6 500万年前）恐龙的统治不得不算是新近发生的事件。而人类在地球上出现的时间在这个时间轴上委实微不足道。

46亿年前
地球形成。

30亿年前
最早的细菌出现。

21亿年前
大气中出现氧气。

6 000万年前
最古老的多细胞动物化石。

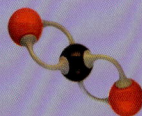

前寒武纪　古生代　中生代　新生代

爬行动物时代
大大小小的爬行动物终究征服了陆地环境，但是有些爬行动物还生活在水中（如鱼龙），而另一部分则生活在空中（如翼龙）。

新动物类型
地球上出现了最早的哺乳动物和鸟类。海洋中的软体动物种类繁多，异彩纷呈，一些物种，如鹦鹉螺一直存活至今。

不断变化的世界
在中生代末期，气候发生巨大变化，平均温度大幅下降。这导致地球进入冰河期。

食肉动物
卡氏南方巨兽龙是最大的食肉恐龙之一，身长可达15米。下图为一枚霸王龙的牙齿，长达8厘米。

重量级
现今所有已知的恐龙中，体重最重的是重龙。据计算，其体重可能达到100吨。

椎骨
这是一块重龙椎骨化石。由于这些骨骼重量较轻，重龙的颈部非常灵活。

1.8亿年前
冈瓦纳古大陆分离，形成了非洲、南极洲、大洋洲、印度次大陆和南美洲大陆。

不断变化的气候
新生代的前2 000万年相对而言较为温暖，但在新生代末期气候发生了变化，并形成了极地冰盖。

草原，理想的舞台
人族动物在地球的分布与草原作为植被的主要形式的扩张不谋而合。

终于不再有干扰
没有大型恐龙的威胁，鸟类和哺乳动物得到了发展。

羽类
泰坦鸟是一种食肉鸟类。其体型较大（2.5米高）而翅膀较小，因此它是不会飞的。

剑齿
袋剑虎类似于今天的猫科动物，但它们是有袋动物。雌性袋剑虎和袋鼠一样拥有育儿袋。袋剑虎的剑齿一直保持生长。在阿根廷发现了袋剑虎化石，它们生活在新第三纪的中新世和上新世时期。

亲属
最古老的尼安德特人的化石发现于1856年。他们与智人拥有共同的祖先。

阿法南方古猿
此图为这种人族动物头部的重塑图。它们是人类的祖先，生活于370万至290万年前。阿法南方古猿身高1米，比现代人体型小。根据理论，能人即是它们的后代。

5 000万年前
各个大陆板块所处的位置与如今的位置大体相似。现今的某些山脉在此时形成，如阿尔卑斯山脉和安第斯山脉。同时，印度次大陆与欧亚大陆碰撞形成了最高的山脉，即喜马拉雅山脉。

75%的物种

2.51亿~2亿年前	2亿~1.46亿年前	1.46亿~6 550万年前	6 550万~2 300万年前	从2 300万年前至今
三叠纪	侏罗纪	白垩纪	古近纪（老第三纪）	新近纪（新第三纪）
中生代			新生代	

化学进程

尽管如今普遍认为所有的生命形式与氧气的存在密切相关，但是地球上的生命在30亿年前就以微生物的形式存在了。从古至今，它们一直决定着地球上的生物进程。科学界试图将生命的起源解释为在数百万年时间内偶然发生的一系列化学反应，最终形成了如今的各种生物体。另一种可能是地球上的生命起源于从太空达到地球上的微生物，如坠落到地球表面的陨石上携带的微生物。●

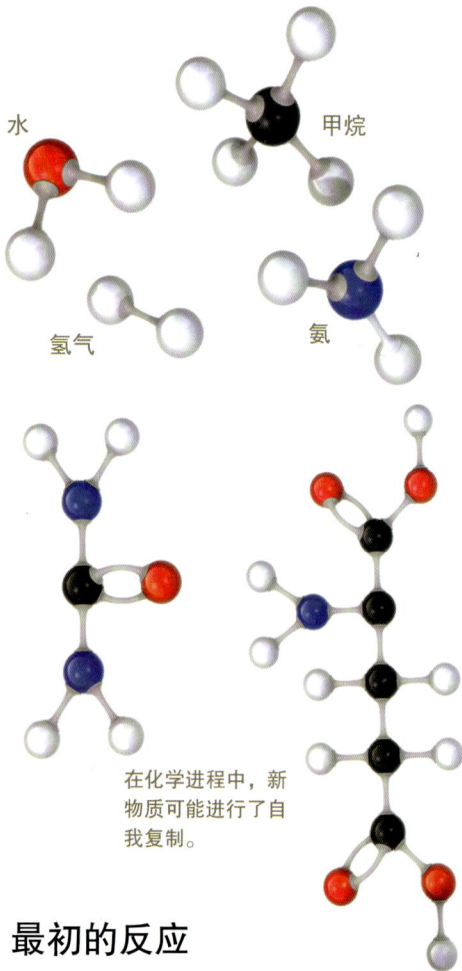

水

甲烷

氢气

氨

在化学进程中，新物质可能进行了自我复制。

原始细胞

可以从分子演化的角度推断地球上生命的起源。最古老的有生命的生物（原核生物）开始发展为生物群，产生了被称为共生的合作进程。这样，被称为真核生物的更为复杂的生命形式开始出现。真核生物具有细胞核，里面含有遗传信息（DNA）。在很大程度上，细菌的发展是化学进化的结果，这种化学进化采用了新的方法获得来自太阳的能量，并从水中提取氧（光合作用）。

原核生物

是最早的生命形式，它们没有细胞核或被膜。这些单细胞生物的遗传密码散布于细胞壁之间。如今有两种原核生物依然存在，它们是细菌和古细菌。

最初的反应

大约40亿年前，大气中含有极少量的自由氧和二氧化碳。然而，在大气中，一些简单的化学物质，例如水、氢、氨和甲烷的含量异常丰富。紫外线辐射和闪电放电可能激发并产生了化学反应，形成了复杂的有机化合物（碳水化合物，氨基酸，核苷酸），这些化合物是生命的基石。1953年，美国人哈罗德·尤里和斯坦利·米勒在实验室里验证了这个理论。

内部自由的
DNA

核糖体

纤维

质膜

细胞壁

太古宙

46亿年前	**42亿年前**	**40亿年前**
地球上的大气使之有别于其他行星。	火山喷发和火成岩占据着地球表面。	地球表面冷却，并蓄积了液态水。

真核生物

具有一个中央核，其中含有核酸（DNA）。核内物质被称为核质。细胞核外的物质被称为细胞质，它包含各种具有不同功能的细胞器。许多细胞器为生物的生长提供能量。

线粒体
为各种不同的细胞功能提供能量的细胞器。

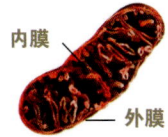

内膜

外膜

中心粒
细胞分裂的关键结构，位于细胞中心。

微管

溶酶体
通过强力酶破坏并消除有害物质。

粗糙内质网　**光滑内质网**

细胞核
在DNA双链上携带大量遗传信息，向细胞发出生长、发挥作用和繁殖的指令。

核孔

内质网
有助于在细胞间运输物质，在脂肪代谢中也发挥了一定作用。

核糖体
生成组成细胞的蛋白质。

高尔基体
这种扁平囊接收来自粗面内质网的蛋白质，并通过细胞壁释放出蛋白质。

A

动物
某些需氧菌和呼吸酶转换为线粒体，并成为现代动物细胞的祖先。

需氧菌
（线粒体的祖先）

细胞内纳入需氧菌

促光合作用原核生物

真核生物细胞的前身

B

植物
某些光合作用细菌侵入真核细胞成为叶绿体，它们成为古老植物细胞的祖先。

细胞纳入原核生物

叶绿体
专门通过光合作用获得能量的细胞器。

高尔基体

细胞核

线粒体

液泡膜

液泡
运输并储存通过水摄取的物质。

38亿年前

在生命起源以前的演化时期里，惰性物质转化为有机物质。

35亿年前

最早的生命化石存在于早期太古宙沉积岩中。

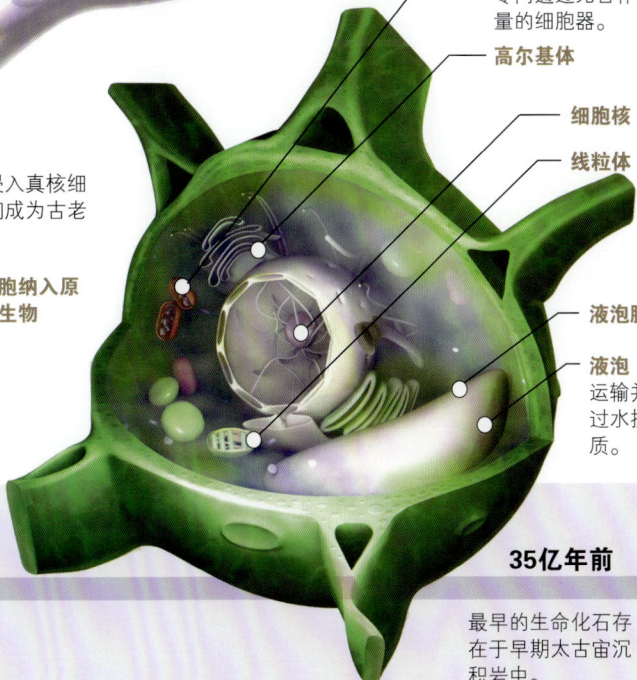

化石遗迹

英语中的元古宙一词来自希腊单词proteros（最初的）和zoic（生命），这一名称用于描述前寒武纪时代末期大约20亿年的地质时期。迄今最古老的复合生物化石发现于埃迪卡拉（澳大利亚）生物群化石中，可追溯至元古宙末期的新元古代，它是带有分化组织的多细胞生物最早的证据。据信，埃迪卡拉生命物种并非动物，而是由各种细胞组成的原核生物，它们确实具有内腔。元古宙末期，全球碳循环紊乱，导致大部分复合生物消失，并开启了寒武纪生命大爆发之门。●

查尔藻
是埃迪卡拉时期最大的化石之一，其扁平、叶片形状的身体由一种轮状结构支撑着。

原始物种

▶ 目前已经认定埃迪卡拉时期的生物是地球上最古老的无脊椎生物。它们大约出现于6.5亿年前，由许多细胞组成。它们有些拥有柔软扁平的身体，而另一些则为轮盘型或长条型。关于这个阶段生命的一个事实是，它们不再只拥有一个负责进食、呼吸和繁殖的细胞，相反，它们拥有分别负责不同功能的不同细胞。

查尔藻的最大长度为

100厘米。

叠层石
是地球已知的最古老的生命证据之一，时至今日，它们依然保存着自身的进化路线。它们具有层压有机沉积结构，主要由蓝绿藻和碳酸钙构成，将新陈代谢活动产生的酶作用物黏合起来。它们簇拥生长，形成珊瑚礁。

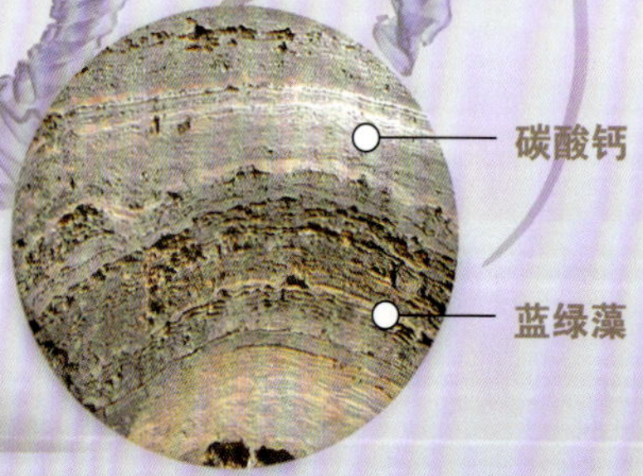

碳酸钙

蓝绿藻

30亿年前

在海底积累了氧化铁。

23亿年前

形成大量冰川。

9~10厘米
这是环轮水母的直径。

莫森水母
这种刺胞动物在水中移动缓慢，将水流作为助力。它们将其长而细的伞状结构收缩后，伸出触角并弹出微型鱼叉捕获猎物。为了捕猎，它们甚至还使用了一种毒药。

环轮水母
古老的圆形化石，中间凸起，最多有五个同心圆脊状突起。有些边缘的部分沿着外轮向外延伸。

金伯拉虫
是埃迪卡拉生物群的高级多细胞动物，是第一个已知的具有体腔的生物。据信，它们类似于软体动物。首次被发现于澳大利亚埃迪卡拉，后在俄罗斯也有发现。

莫森水母的长度为

20厘米。

金伯拉虫的长度为

2.5厘米。

狄更逊水母
由于外表与灭绝的尖刺虫属（ *Spinther* ）极为相似，通常被认为是环节类的蠕虫。它们也被视为是蕉类珊瑚菌的一种软体动物的形式。

三分盘虫
一般认为，这种有着三个对称部分的轮状物种是珊瑚和海葵的远亲。

狄更逊水母的长度为

100厘米。

三分盘虫的直径为

5厘米。

6 000万年前

被称为埃迪卡拉生物群的海洋多细胞生物蓬勃发展。

寒武纪生命大爆发

与此前微生物生命的发展不同，生命大爆发大约出现于5亿年前的寒武纪，它催生了形形色色具有外骨骼或外壳保护的多细胞生物（包括软体动物、三叶虫、腕足动物、棘皮动物、海绵、珊瑚、脊索动物）的进化。据信，这些生物是寒武纪动物群的典型代表。加拿大不列颠哥伦比亚省的伯吉斯页岩化石床含有这一阶段的大量软体动物化石，是世界上最重要的化石地层之一。●

伯吉斯页岩

位于加拿大不列颠哥伦比亚省约霍国家公园，伯吉斯页岩是1909年由美国古生物学家查尔斯·沃尔科特发现的著名化石床。伯吉斯页岩提供了寒武纪生命大爆发的独特外观，它包含了数以千计保存非常完好的无脊椎动物化石，包括节肢动物、蠕虫和原始的脊索动物，有些动物的软体部分得到了完整保存。

10毫米

具有强有力外骨骼保护的奇虾，是寒武纪海洋中一种真正令人不寒而栗的恐怖生物。

海绵
它们主要生长在伯吉斯页岩的海床上，其周围不断地产生种类、体积和形状各异的藻类。

鳃曳动物
生活在浅水区的沙子和泥浆中以及深水中的底栖蠕虫，大约有15种。

长度为
2厘米。

寒武纪
5.42亿~4.88亿年前

寒武纪开始

氧的增加使贝壳得以形成。

奇虾
是已知的当时最大的食肉性节肢动物，它长有一个圆形的嘴，附肢使其能够牢牢抓住猎物，沿身体两侧长有用于游动的鳍。相对于其他生物，它们算得上是伯吉斯页岩中的巨人。

与人体大小的对比

这一物种所能达到的长度为
60厘米。

皮卡虫
是一种类似于鳗鱼的最古老的脊索动物，长有鳍状肢形状的尾巴。它是已知最古老的脊椎动物的祖先。

尾巴的长度为
10厘米。

马雷拉
是一种小型游动节肢动物，它们可能是伯吉斯页岩中的食肉动物易于捕食的对象。

最大长度为
10厘米。

怪诞虫
具有长刺防御系统，这些长刺也是它用来移动的足。

这种节肢动物的最大长度为
3厘米。

进化性大爆炸

寒武纪产生了种类繁多而独特的生物体结构。

珊瑚礁

由不可计数的软体动物的钙质骨骼构成。

征服陆地

古生代时期（古代生命）的特点是大陆板块连续碰撞，大陆板块上的湖泊使原始陆生植物的出现成为可能，早期的鱼类适应了淡水，而两栖动物则突显了进化的关键事件：它们在大约3.6亿年前征服了陆地表面。对于这个进程，形式各异的适应机制是必不可少的，其中包括新形式的维管植物、骨骼和肌肉发生的变化以及全新的繁殖系统。爬行动物以及其奇特的羊膜卵的出现意味着脊椎动物彻底占领了陆地，而花粉也在这一时期使植物彻底脱离了水。●

6毫米
巨脉蜻蜓

鱼类新品种

在三叶虫衰落以及珊瑚、海百合、苔藓动物和斧足类动物出现之后，具有外部骨盾的无颌鱼类问世，它们是已知最早的脊椎动物。在志留纪时期，头足类动物和有颌鱼类在全球温暖的气候中大量存在。鱼类对淡水一如对咸水的适应与有骨鱼类占优势的时期不谋而合，后来又从有骨鱼类进化出两栖动物。

邓氏鱼可以达到的长度为

9米。

梭鱼的头骨和颌骨

颌
是脊椎动物进化的关键，颌使动物可以牢牢地抓住、玩弄并咬死猎物，颌的进化使生命走向了掠食者的道路。

背鳍

泥盆纪被认为是鱼类的时代。

较薄的小叶鳍

鳍
棘螈靠鳍的左右摆动在水中移动。在来到陆地上之后，它们保持了这一特性。

头甲与胸甲相连

骨化的尖牙

邓氏鱼
与人体大小的对比

奥陶纪	志留纪	泥盆纪
4.88亿~4.44亿年前	**4.44亿~4.16亿年前**	**4.16亿~3.59亿年前**
出现了最早的陆地生物——地衣和苔藓。	出现了大珊瑚礁和某些小型植物。	维管植物和节肢动物形成了多样化的陆地生态系统。

从鳍到肢

两栖类动物的进化为探索新的食物来源（如昆虫和植物）提供了便利，并为了使用空气中的氧气而推进了呼吸系统的适应。为此，水生脊椎动物的骨架不得不发生变化（拥有更大的骨盆和胸腰），肌肉组织得以发展。在同一时期，鱼鳍变成了腿，使它们能够在陆地上移动。

最大长度为

90~120厘米。

早期的鱼类和植物
脊椎动物之所以能够成功占领陆地，一部分原因在于它们进化出有着坚韧外壳的羊膜卵。而在植物进化方面，花粉的出现使它们脱离了水。

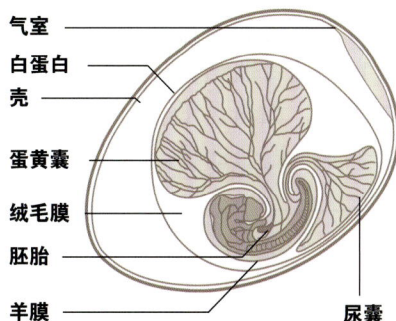

棘螈

与人类进行对比

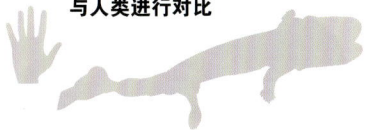

背棘
其椎骨之间的关节突起被称为椎骨关节突，它有助于维持背棘挺立。

气室
白蛋白
壳
蛋黄囊
绒毛膜
胚胎
羊膜
尿囊

6毫米

食肉动物
巨大的嘴巴使其能够捕食其他的脊椎动物。

植物导管的发展
在植物内部把水从根运输到茎，并将光合作用的产物从茎运输到根的需求，使得植物内部导管系统得以发展。以花粉为基础的繁殖，让植物实现了对陆地环境的彻底征服。

花粉保证了繁殖。

内部导管体系

骨骼结构
只由三根骨头（肱骨、尺骨和桡骨）构成了支撑腿部的骨骼。和鱼不同，它们具有活动的腕和八个脚趾，可以像桨一样同时移动。

石炭纪
3.59亿~2.99亿年前

出现了陆生四足动物和有翅昆虫。

二叠纪
2.99亿~2.51亿年前

陆地上出现了种类繁多的昆虫和脊椎动物。

恐龙盛世

根据丰富的化石证据，科学家已经确定恐龙是中生代时期主要的陆地动物生命形式。恐龙的种类不断发生变化，有的恐龙经历了中生代的全部三个纪，另一些经历了两个纪，还有一些只经历了一个纪。与其他的爬行动物不同，恐龙的腿不是长在体侧，而是像哺乳动物一样长在身体的下方。这种形态以及它们的骨骼结构（股骨与骨盆腔相连）极大地增强了恐龙的运动能力。在进化过程中，恐龙还发展出防御体征，如角、爪、角状喙以及甲。长期以来恐龙一直被认为是冷血动物，但是如今占主导地位的假说认为恐龙是温血动物。在白垩纪末期，恐龙神秘地灭绝了。●

板龙使用四肢爬行，但是由于尾巴可以提供支撑，它们可以够到较高的叶子。

体型大小对比

板龙
体长可达10米。

三叠纪

经历了二叠纪末期的大规模灭绝和生物危机后，只有相对较少的植物和动物物种得以生存。三叠纪时期，生命又开始缓慢地重新得到恢复。软体动物雄霸海洋，而爬行动物占据着陆地。就植物来说，三叠纪中晚期出现了蕨类植物、球果类植物和本内苏铁目植物。

哺乳动物

三叠纪末期，出现了哺乳动物存在的痕迹，它们是由尖齿爬行动物进化而来。这些哺乳动物的外貌特征包括加长的分化牙齿以及次生腭。

蕨类植物	棕榈	球果类植物	银杏

三叠纪
2.51亿~2亿年前

在赤道附近形成盘古超大陆。

侏罗纪时期

■ 海平面上升并淹没了大陆内陆地区，使环境变得更加温暖湿润，这有助于生命的发展。爬行动物适应了不同的环境，恐龙获得了极大的发展。在这一时期，存在着食草恐龙和食肉恐龙并存的情况。淡水环境有利于无脊椎动物、两栖类动物和诸如乌龟和鳄鱼等爬行动物的进化。在这一时期，最早的鸟类出现了。

双腿直立行走
跃龙是巨型兽脚亚目食肉动物，它们是最早使用双腿移动的物种之一。

木贼　　球果类植物

剑龙（披甲恐龙）
体长可达9米。

白垩纪

■ 在这一时期，食肉恐龙进化出弯曲的镰刀形爪子，用于掏出猎物的内脏。重爪龙的爪子就是最明显的例子，它们的爪子长达30厘米，这对于一个身长9米的动物而言是极不相称的。在白垩纪时期，昆虫和鸟类继续进化，植物使用授粉的方式得以继续发展。然而，这一时期的特点是发生在海洋中的演化（出现新的食肉动物，如真骨鱼类和鲨鱼）与陆地上的演化（约6 500万年前恐龙灭绝）共同进行。

巨兽龙（巨型南方蜥蜴）
体长可达15米。

灭绝
大约6 500万年前，所有体重超过25千克的陆上动物全部消失。一般认为，在争夺食物方面，恐龙与昆虫和小型哺乳动物相比已经失去了优势。

冬青　　山毛榉　　胡桃　　橡树

侏罗纪
2亿~1.46亿年前

盘古大陆解体，海平面上升。

白垩纪
1.46亿~6 550万年前

形成了今天的海洋和大陆板块。

恐龙时代的终结

直至大约6 500万年前，恐龙一直统治着整个地球。由于适合它们生存的条件发生了巨大变化，恐龙骤然灭绝了。最合理的假说认为，这种变化是由于一颗较大的小行星或彗星撞击地球造成的。由此产生的火灾使如今北美和南美大陆化为一片焦土。撞击激起巨大的尘埃云，在空中悬浮数月，使整个地球暗无天日。与此同时，硫、氯和氮混入浓密的云层，造成了致命的酸雨。●

更多关于"K-T边界"的理论

白垩纪与老第三纪之间的阶段被称为"K-T边界"，它标志了恐龙时代的终结。尽管撞击理论已被广泛接受，但是有其他理论认为，是因为气候发生了巨大变化，随着浅海从陆地上消失，恐龙逐渐地灭绝了。这些理论的拥护者认为，恐龙的种类和数量减少的速度很缓慢，这一过程大约持续了几百万年时间。根据这一假说，在白垩纪结束前的30万年左右，希克苏鲁伯大陨石从天而降。还有假说认为在恐龙灭绝前，哺乳动物大量繁殖，并以恐龙蛋为食，或者是这种大型蜥脚类动物赖以生存的植物死于各类疾病而造成了其灭绝。

坠落在希克苏鲁伯的陨石直径为

10千米。

K-T边界
6 500万年前

在赤道附近形成盘古超大陆。

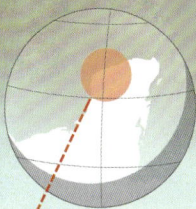

墨西哥希克苏鲁伯

B **火山喷发**

另一理论认为，导致恐龙大规模灭绝的原因是地球上持续不断的火山喷发产生了令人窒息的气体，整个地球由于火山灰而暗无天日。印度德干高原发现的数千立方千米火山岩支持了这一理论。

C **空间骤变**

每6 700万年，太阳系都会穿过银河系平面。此时，银河系的某些恒星产生的引力可能导致彗星脱离奥尔特云进入太阳系内部。有可能某块彗星的残骸撞击了地球。

A **深处的证据**

在墨西哥尤卡坦半岛希克苏鲁伯镇，有一个由6 500万年前的陨石撞击造成的直径100千米的陨石坑。构成土壤的岩层可以支持这一理论，它使人们有可能了解撞击之前和之后究竟发生了什么。

50%

这是和恐龙同时期的物种灭绝的比例。

灭绝后
新生代沉积物沉积。

尘埃和灰烬
由于大流星的撞击所产生的。

喷出岩
火山口喷出的物质尘埃落定。

灭绝前
含有恐龙化石的沉积物。

在岩石中
在尤卡坦地区，经常可以发现由陨石碎片组成的岩石压缩在矿物沉积物（深色）之间。

5 000万

颗原子弹
根据计算，希克苏鲁伯陨石撞击释放的能量相当于5 000万颗原子弹爆炸。

老第三纪
6 550万~2 300万年前

为新生代的起始阶段，而新生代一直持续至今日。

哺乳动物的乐园

巨大的恐龙在中生代末期灭绝后，哺乳动物获得了进化的机会，它们不断进化直至成为地球的统治者。新生代始于6 550万年前，在这一时期有花植物开始出现并得到进化，今日的大山脉（喜马拉雅山脉、阿尔卑斯山脉和安第斯山脉）也在此时形成。哺乳动物中的灵长类动物开始出现，在新生代晚期出现了人类的直接祖先——人属动物。●

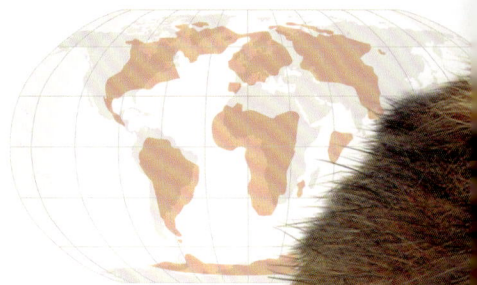

■ 过去的大陆
■ 如今的大陆

定义了一个时代的种类

大约2.2亿年前，哺乳形类动物出现了，如今它们已经全部灭绝。这种动物更类似于爬行动物，拥有更大型的头骨，并开始凭借下肢的力量使腹部离地。1亿年前出现了两个至今仍然继续存在的亚目——有袋类动物（除美洲负鼠外，其余的有袋动物仅存在于大洋洲）以及胎生哺乳动物（统治了整个新生代世界）。

2亿年前

地球上已经出现了哺乳动物。

人类的祖先

灵长类动物是一种具有双目视觉的哺乳动物，其大脑相对而言体积较大。此外，它们具有抓握能力的肢体使其能够抓住树枝，并能够使用物体作为原始工具。最早的灵长类动物（普尔加托里猴）出现于古新世的北美洲。最古老的猴子（类人猿）的化石大约形成于5 300万年前，但其起源至今仍然是一个谜。

摩尔根兽
已灭绝的侏罗纪食虫类啮齿动物（2亿年前）。

短尾
脊柱的附属物，尾端尖耸，这使其有别于如今其他的啮齿类动物。

欧氏狮尾狒

体型大小比较

体型大小与人类相似，身长1~2米

长度达到15厘米，体重为30~50克。

体型大小比较

灵长类动物出现于新生代时期

用来抓握的拇指
这根与其他手指相对的手指是人类拇指的前身，它使得这种上新世时期的欧洲猴子具有操纵物体的能力（500万年前）。

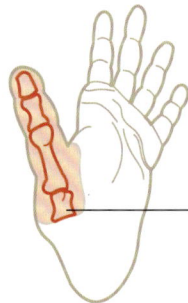

长爪
它们用长爪猎捕昆虫，挖洞躲避恐龙。

老第三纪
6 550万~2 300万年前

哺乳动物的代表包括有袋动物、原猴亚目类动物和有蹄类动物。

晚第三纪
从2 300万年前开始

人科动物从非洲逐渐分布到世界各地。

尾巴
它们使用尾巴在攀爬时获得平衡。美洲狨猴的尾巴具有抓握能力，这使它们可以倒挂在树枝上。

新型植物
新生代初始，显花植物多种多样且遍布地球林地，只有寒冷地区除外。

枫树
（古新世）

榕属植物
（始新世）

禾草
（上新世）

6 000万年前
地球上出现了灵长类动物。

云杉
（更新世）
确立了球果类植物的地位。

修长的指
使类人猿能够抓住树枝，在树间移动。

毛茛属植物
（更新世）
最早的显花植物之一。

更新世
1 800万~1.2万年前

早期智人发展。

全新世
1.2万年前至今

最古老的智人化石记录。

生命之树

这 幅图示化的表现形式解释了芸芸众生是如何相互关联的。不同于使用通过各个科提供信息的族谱，这个种系发展树形表中使用的是从化石中获得的信息，以及通过对生物进行结构和分子研究得出的信息。构建种系发育树时考虑到了进化论，这种理论指出众多生物都是一个共同祖先的后代。●

真核生物界

这一种群由细胞结构内具有真核的物种组成。它们包括单细胞生物和多细胞生物，多细胞生物由特化分工的细胞构成，其内部单一的细胞不能独自存活。

动 物

它们是多细胞异养生物，其两个主要特点在于可移动性和内部器官系统。动物是有性繁殖的生物，其代谢方式为有氧代谢。

刺胞动物
包括诸如水母和珊瑚等物种。

两侧对称动物
两侧对称的动物。

古细菌

这些生物包括单细胞动物和微生物。其中大多数为厌氧生物，并生活在极端环境中。其中大约一半在其新陈代谢过程中释放甲烷。目前已知物种超过200个。

植 物

它们是多细胞自养生物，其细胞具有细胞核和较厚的细胞壁，成群构成不同的专门组织。它们通过叶绿体进行光合作用。

脊椎动物
具有脊柱、保护大脑的头骨和一副完整的骨骼。

软体动物
包括章鱼、蜗牛和牡蛎。

广古菌门
嗜盐古菌

初古菌门
最原始的古细菌。

无维管植物
无内部导管系统。

维管植物
有内部导管系统。

种子植物
有的有暴露在外面的种子，有的有花和果实。

四足动物
具有四肢的动物。

泉古菌门
生活在高温环境中。

无种子植物
具有简单结构的小型植物。

软骨鱼类
包括虹鱼和鲨鱼。

相互关系

地球上生命的进化，以及所有物种拥有共同的祖先这一理论具有科学证据的支持。然而，关于生命起源，人们并没有确凿的实证。现在我们知道最早的生命形式必须是原核生物，或是在细胞壁内任何地方均可找到其遗传信息的单细胞生命。从这个角度来看，古细菌和细菌一样都属于原核生物。因此，它们曾被认为属于同一个生物王国，但是某些基因传递的特性显示，它们同真核生物的关系更为紧密。

被子植物
开花结果的植物。这一种群包括250 000多个物种。

两栖动物
幼时居住在水中，长大后在陆地上生活。

羊 膜

这一特征的进化使四足动物征服了陆地，并适应了陆地的独特环境。羊膜物种中，胚胎受到一个密闭组织的保护，这种组织的别称为羊膜卵。在哺乳动物中，只有单孔目动物继续保持卵生形式，而在人类所属的有胎盘哺乳动物亚纲中，胎盘成为卵的变化形式，虽然卵膜已经发生了变化，但是胚胎仍由充满羊水的羊膜包裹。

裸子植物
具有裸露的种子，如苏铁植物。

细菌

以菌落形态生活在物体表面上的单细胞生物。一般来说，它们拥有一个由肽聚糖构成的细胞壁，许多细菌具有纤毛。据信，它们已经存在长达30亿年之久。

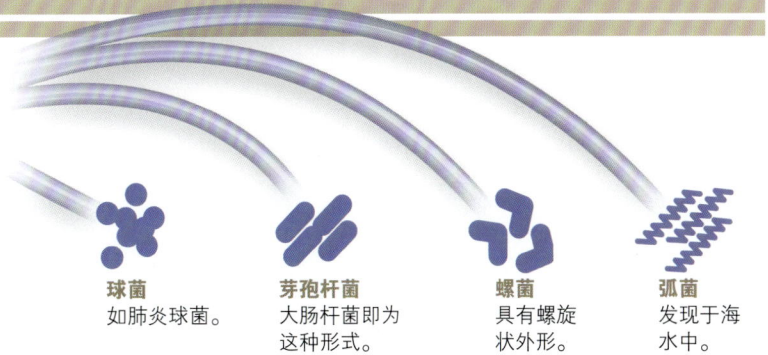

球菌
如肺炎球菌。

芽孢杆菌
大肠杆菌即为这种形式。

螺菌
具有螺旋状外形。

弧菌
发现于海水中。

原生生物

这是一个并系类群，它包括了不能被列入其他任何种群的物种。因此原生生物物种之间差异悬殊，如藻类和变形虫。

10 000 000
种物种栖息于地球上特殊的环境中。

真菌

它们是细胞壁因角质素而增厚的细胞异养生物。它们在体外进行消化，通过分泌酶吸收消化所产生的营养分子。

担子菌类
包括典型的盖菇。

接合菌类
通过接合孢子进行繁殖。

子囊菌类
很多物种均归于此类。

壶菌纲
拥有可移动的细胞。

半知菌
无性繁殖。

大约
5 000
种哺乳动物可以归为三类。

节肢动物
具有外部的骨骼（外骨骼）。其肢体为分节的附肢。

昆虫
最伟大的进化成就。

多足类动物
马陆（千足虫）和蜈蚣。

硬骨鱼
具有脊柱和颌骨。

蛛形动物
蜘蛛、蝎子以及蜱螨类。

甲壳动物
螃蟹及龙虾。

遗传分类学

这种分类方法以具有相似衍生特性的各物种之间的进化关系为基础，它假定所有生物物种具有一个共同的祖先。可以利用这种分类结果绘制一份图表，图中将这些特性表现为进化过程中的分支点；同时，图中还将物种按照分化支进行归类。尽管图表以物种进化作为基础，但是其表现了当今的物种特性，并且展现了物种可能的进化排序。遗传分类学是一个非常重要的分析系统，是当今生物学的研究基础。该学说建立在众多复杂的事实基础之上：DNA序列、形态学以及生化知识。进化树（通常称为生命之树）是由德国昆虫学家威利·亨尼希于20世纪50年代创立的。

羊膜动物
由羊膜卵胚胎出生的物种。

哺乳动物
使用母乳喂养后代。

有胎盘哺乳动物
后代出生时发育完全。

人

人类属于哺乳纲，特别从属于有胎盘哺乳动物或真哺乳动物亚纲，意即胚胎成长完全在母亲体内完成，并通过胎盘获得营养。出生后，幼儿在最初的生长阶段依赖于母亲，母亲向其提供母乳。哺乳动物分为29个目，人类属于灵长目。灵长目还包括猴和类人猿。人类的近亲是大型类人猿类。

鸟类和爬行动物
卵生物种。爬行动物为冷血动物。

有袋动物
胚胎在母亲体外完成发育。

单孔类动物
唯一保持卵生形式的哺乳动物。它们是最为原始的动物。

乌龟
最古老的爬行动物。

鳄鱼
有鳞且身体较长。

蛇
还包括蜥蜴。

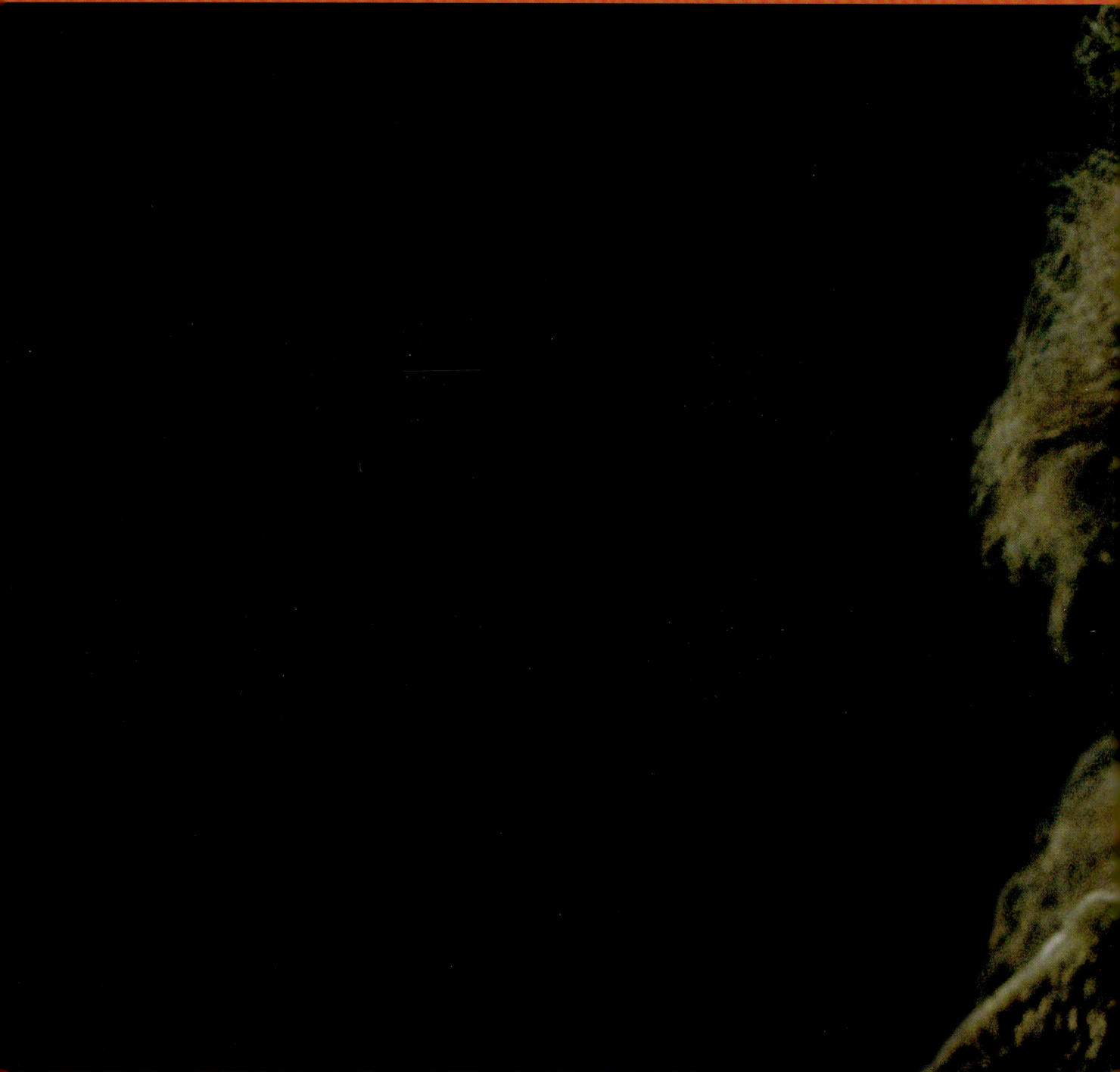

人类进化

智人，这是科学上对我们人类这一物种的称谓。智人的出现，是上新世时期起源于非洲的物种长期进化的结果。

由于发掘出的化石很少，因此对于是什么引起了他们令人惊叹的文化发展，我们也没有明确的线索。有些人

尼安德特人
他们是我们人类的近亲，是强大的猎手，也是能工巧匠。至今也没有人能够解释尼安德特人是如何消失的。

认为大脑或发音器官的改变促进了复杂语言的产生。另一些理论则假设由于人类的思想结构发生了变化，使智人拥有了想象力。可以肯定的是，在历经了1万年的狩猎和采集生活后，人类在冰期之后形成了定居点，城市出现了。●

人类进化

也 许由于气候发生了变化，大约500万年前，生活在非洲雨林中的灵长类动物物种发生细分，我们人类最早的双足祖先人族动物出现了。科学界一直试图重建从那个时期开始的复杂的种系发育树，以便解释我们这一物种是如何崛起的。对化石遗迹的DNA研究使我们能够确定其年代以及与其他物种之间的联系。每一个新的发现都可能质疑关于人类起源的旧有理论。●

会说话的灵长目动物

象征性语言——这种人类特有的能力是如何产生的，至今仍然是一个谜。但是人类语言器官的进化是决定性的。人类喉部的位置要远远低于其他哺乳动物，这一特征使我们可以发出更多不同种类的声音。

种系发育树

这幅进化分支图（说明从先前的物种中产生新物种的图示）展示了人属与其他灵长类物种之间的关系。

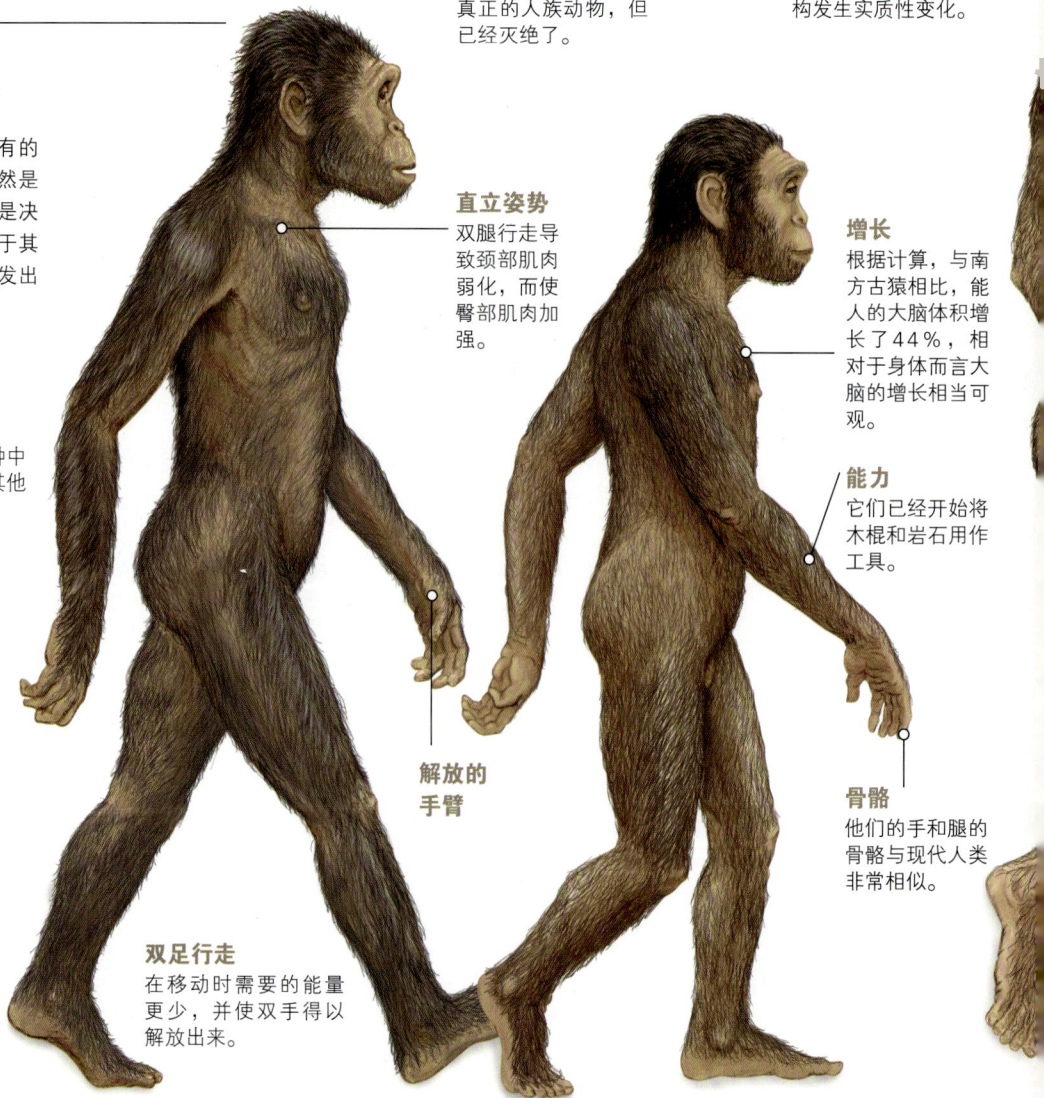

人	黑猩猩	大猩猩	猩猩

100万年前

500万年前

1 000万年前

1 500万年前

2 000万年前

至少500万年前，大猩猩、黑猩猩和古人类有着共同的祖先。

不那么远的亲戚

古生物学者对于人族动物如何从进化树上分支出来存在着极大的不确定性和争议。这一版本是根据古人类学家伊恩·泰特萨绘制的进化树确定的。

语言功能

对于人类而言，语言具有表意功能。由于拥有了语言，一个人可以经常对其他人说话，意在对他人产生影响、改变他人的观点、丰富他人的精神或引导他人做出某些具体行为。一些科学家认为大脑或发音器官的改变使复杂的语言得以发展，这为创造和获取知识提供了便利。

南方古猿
先驱
这种类人猿是最早的真正的人族动物，但已经灭绝了。

能人
大飞跃
其大脑体积更大，结构发生实质性变化。

直立姿势
双腿行走导致颈部肌肉弱化，而使臀部肌肉加强。

增长
根据计算，与南方古猿相比，能人的大脑体积增长了44％，相对于身体而言大脑的增长相当可观。

能力
它们已经开始将木棍和岩石用作工具。

解放的手臂

骨骼
他们的手和腿的骨骼与现代人类非常相似。

双足行走
在移动时需要的能量更少，并使双手得以解放出来。

地猿始祖种	湖畔南方古猿		阿法南方古猿	埃塞俄比亚傍人
地猿		南方古猿		非洲南方古猿
				???
				惊奇南方古猿

400万年前

傍人

发音工具
人类喉部的位置比黑猩猩的低得多，这使得人类能够发出更多种类的声音。

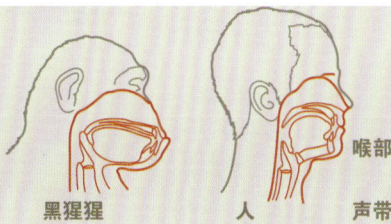

黑猩猩　　人　声带

喉部

思考方面
大脑的进化对于语言和人类其他能力的发展而言至关重要。更大的脑容量和更多的营养产生了生理学影响。

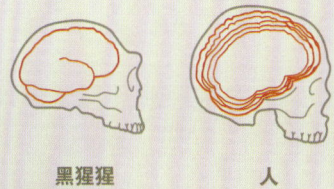

黑猩猩　　人

直立人
迁徙
这一物种离开非洲，并迅速在几乎整个旧大陆繁衍生息。从它们的喉部形状看，可以推断直立人已经拥有了语言能力。

肌肉
某些突出的肌肉纹理和宽厚加强的骨骼部位，表明直立人的身体可以支持剧烈的运动和肌肉收缩。

厚度
它们的骨骼，包括头盖骨，比之前的物种的骨质都更加厚实紧密。

体型
它们已经拥有智人的身材，但是更为强壮。

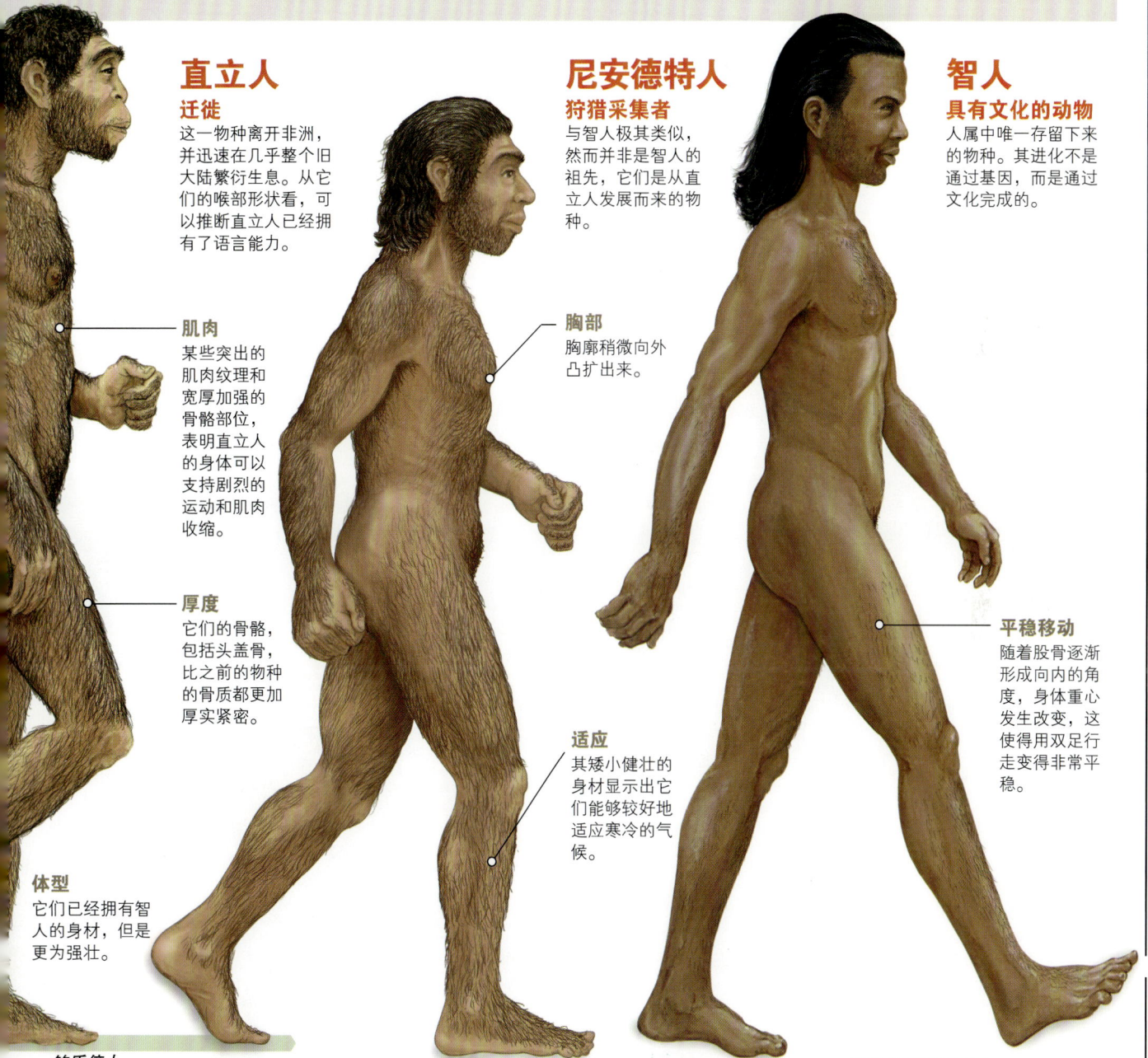

尼安德特人
狩猎采集者
与智人极其类似，然而并非是智人的祖先，它们是从直立人发展而来的物种。

胸部
胸廓稍微向外凸扩出来。

适应
其矮小健壮的身材显示出它们能够较好地适应寒冷的气候。

智人
具有文化的动物
人属中唯一存留下来的物种。其进化不是通过基因，而是通过文化完成的。

平稳移动
随着股骨逐渐形成向内的角度，身体重心发生改变，这使得用双足行走变得非常平稳。

鲍氏傍人

罗百氏傍人

能人　　　　　　匠人

卢多尔夫人

海德堡人

尼安德特人

直立人

智人

人　　　　200万年前　　　　　　　　100万年前　　　　　今天

最早的人类

正如在坦桑尼亚和埃塞俄比亚发现的化石所显示的，南方古猿是最早的类人生物，能够以直立的姿势行走，双手得到了解放。一般认为，气候的变化、营养的适应以及适合行动的能量储存促进了双足行走的发展。但无论如何，其短小的腿部和长长的手臂被视为它们只是偶尔步行的证据。其头骨与我们现今人类的大为不同，大脑的体积与黑猩猩相当。没有证据表明它们使用石质工具，也许它们能够使用木棍制作简单的工具，但是它们缺乏制造更高级的器具所相应的智慧。●

早期人族动物遗迹分布
非洲

适应环境

中新世发生的气候变化很可能将热带雨林变成了大草原。不同种类的人族动物放弃了树上的栖息地，来到草原上寻找食物。据推测，早期人族动物为了观察草原的情况，开始站立起来。

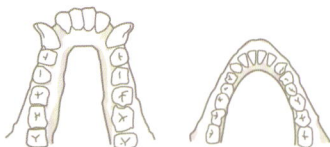

大猩猩 **智人**

特别的牙齿
他们在前面拥有像铲刀一样的大门牙，牙齿的排列逐渐形成拱形。

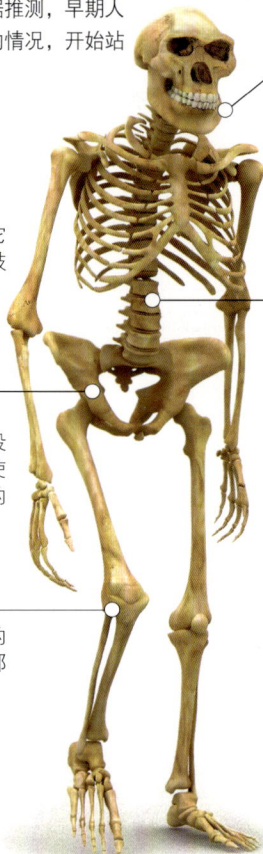

双足行走
使用双足行走，这样它们就能在移动时将上肢解放出来。

通过适应进化来的盆骨
它们的骨盆、骶骨和股骨发生了形态变化，使这些骨骼与现代人类的骨骼类似。

膝
与黑猩猩不同，它们的股骨边缘和人类的膝部一样是椭圆形的。

背部脊柱
具有可以保持平衡的多个弯曲。因为猴子没有腰椎，所以它们身体的重心向前方倾斜。

脚趾
黑猩猩的大脚趾可以用来抓握，而人族动物大脚趾的位置以及足弓的形状可以支持以双足姿态移动。

阿法南方古猿

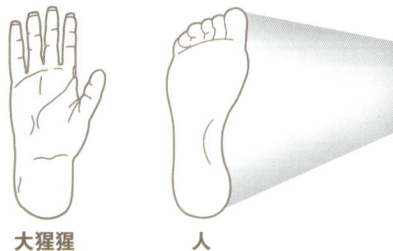

大猩猩 **人**

考古发现

1924年在汤恩矿山（南非）发现了一块儿童头骨化石，其中包括带有颌骨的面部、牙齿碎片以及头骨骨骼，颅腔已被矿物化石所替代。此后，1975年在莱托里（坦桑尼亚）发现了古人类脚印痕迹。据认为，这是在300多万年前的一次火山喷发之后下了一场雨，各种标本在湿润的火山灰中留下了印迹。

汤恩头骨
具有圆形的头部和有力的颌骨。颅腔大约可以容纳体积为400立方厘米的大脑。

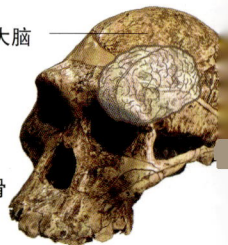
大脑
颌骨

250万年前

莱托里
1975年考古学家在莱托里（坦桑尼亚）火山灰化石中发现了人族动物的踪迹，这证实了人族动物用双腿行走（双足行走）。

360万年前

阿法南方古猿

湖畔南方古猿	非洲南方古猿	埃塞俄比亚傍人
420万~390万年前 具有巨大臼齿的原始人族动物。	300万~250万年前 球形头骨拥有更大的脑容量。	大约250万年前 强壮的头骨和结实的面部。

● 湖畔南方古猿　　　● 埃塞俄比亚傍人　　　● 非洲南方古猿　　　● 罗百氏傍人　　　● 鲍氏傍人

阿法南方古猿

被认为是最古老的人族动物，它们居住在大约300万~400万年前的东部非洲。用双足行走是人类进化的重要方面，而阿法南方古猿已经做到了这一点。"露西"骨骼于1974年被发现，因其年代久远和保存完整而著称。

300万年前

体型比较

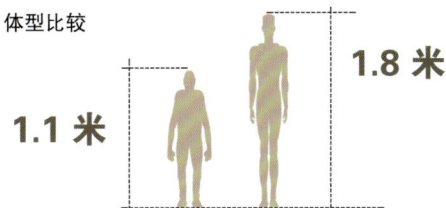

1.8 米

1.1 米

"露西"骨骼

这具在埃塞俄比亚发现的人族动物化石，体型大小与黑猩猩类似，但是它的骨盆结构使其能够保持直立的姿势。

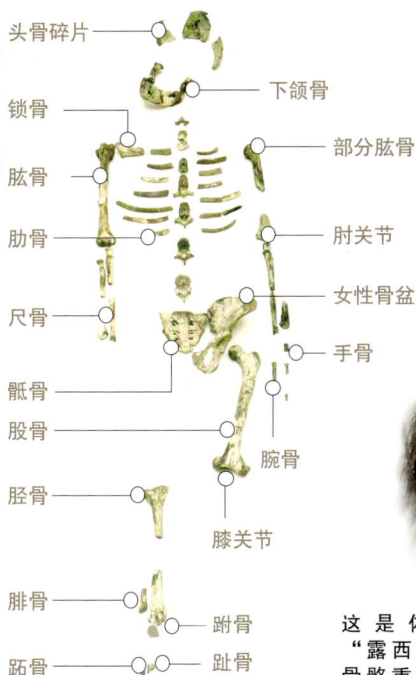

头骨碎片

锁骨

肱骨

肋骨

尺骨

骶骨

股骨

胫骨

腓骨

跗骨

跖骨

下颌骨

部分肱骨

肘关节

女性骨盆

手骨

腕骨

膝关节

趾骨

这是依据"露西"的骨骼重塑的形象。

鲍氏傍人

220万~130万年前
头骨适应了咀嚼较硬的蔬菜。

罗百氏傍人

180万~150万年前
外观极为强健，骨骼分明。

使用工具

能人比南方古猿的外观更接近人类，它们出现在非洲东部，显示出巨大的解剖学变化，这使得它们得到了发展，尤其是在制造各种石质工具方面，比如用于切割和擦刮的片状鹅卵石，甚至是手斧。双足行走的运动姿态得到确立，出现了最初的使用语言的迹象。由于能人的大脑显著增长，使它们掌握石器制作工艺成为可能。而直立人在解剖学上的发展促使他们开始远离非洲起源地，迁移到其他区域，它们到达太平洋，在欧洲和亚洲大陆上繁衍生息。直立人拥有使用火的能力，火是一种重要的元素，它改善了人类的营养，为人类抵御了寒冷。●

非洲

能人

能人出现于200万~150万年前的东部非洲，它们标志着人类进化的重大进步。脑容量的增长和其他解剖结构变化以及石器工艺的开发，都是这一物种实质性的发展；能人的名字意指着"手巧的人"。尽管能人食用腐肉，但是它们尚不具备单独的狩猎能力。

大脑
能人的颅腔比南方古猿的颅腔大，大脑体积增长至650~800立方厘米。考虑到能人的大脑体积约为现代人类的一半，这一特征被认为是进化出拥有制造工具能力的关键。

1

切割
第一步是选择岩石，将它们刮至尖锐。

2

切削
使用"石锤"使工具边缘变锋利。

这块切开的岩石是已知最古老的工具。

200万年前

能人在东部非洲出现。

170万年前

直立人是最早离开栖息地的古人类。

150万年前

能人由于不为人所知的原因消失了。

亚洲

位置和迁徙图

■ 能人　　　　　■ 直立人

直立人

"直立的人"最早出现在非洲东部，估计年代约为180万年前。它们是最早离开非洲的古人类。在很短的时间内，它们就占据了很大一部分欧洲。在亚洲，它们向东最远达到中国，向东南到达爪哇岛。目前关于这一物种的大部分的已知情况是根据对一块被称为"图尔卡纳男孩"的化石进行研究得出的，它是1984年在肯尼亚图尔卡纳湖附近被发现的。这一物种身材较高，四肢修长。其大脑比能人更大，可能已经基本掌握了取火的能力。

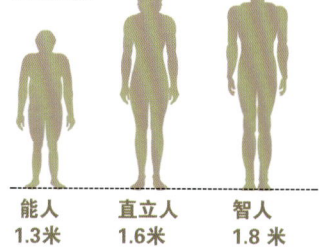

体型比较

能人
1.3米

直立人
1.6米

智人
1.8米

考古发现

1964年在塞伦盖蒂平原（坦桑尼亚）的奥杜威峡谷发现了已知的最早的能人。后来发现的图尔卡纳男孩（肯尼亚）显示出许多直立人的体貌特征。

在奥杜威（坦桑尼亚）发现的能人头骨

在图尔卡纳湖（肯尼亚）发掘出的直立人头骨

火

是人类进化中的重要发现之一。火不仅用于御寒，还用于处理木头和烹煮食物。使用火的最早的证据可追溯至大约150万年前。

直立人

水滴形的手斧。

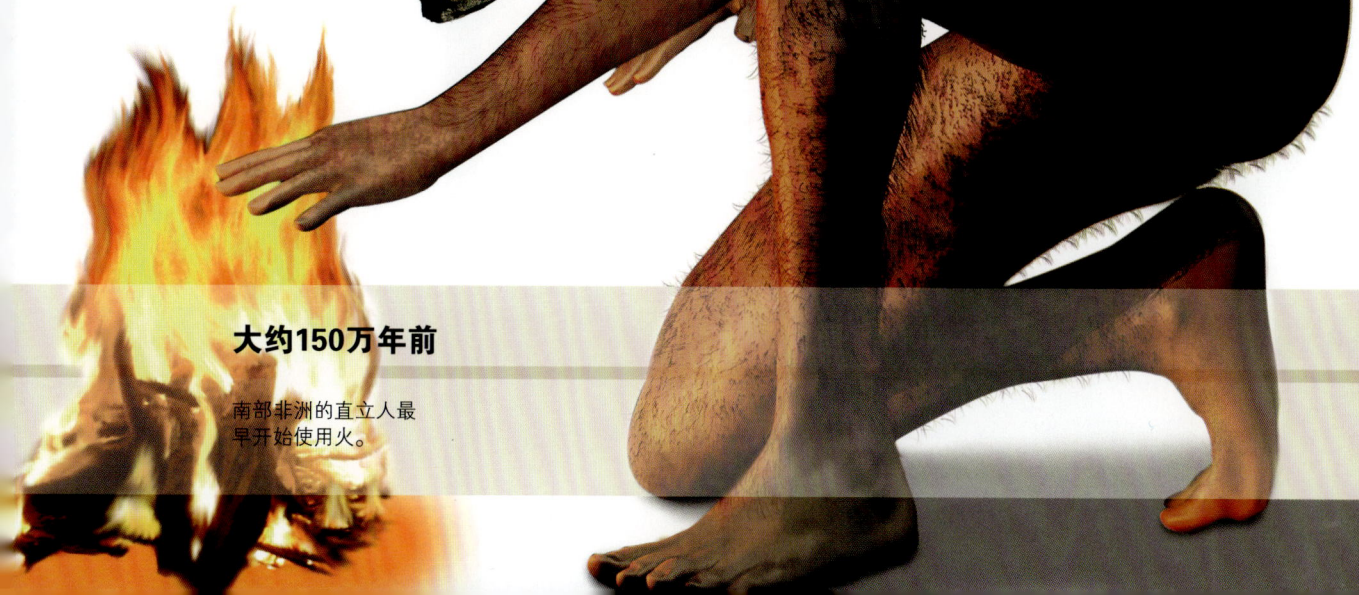

大约150万年前

南部非洲的直立人最早开始使用火。

技艺高超的狩猎者

尼安德特人是海德堡人的后代，他们是欧洲、西亚和北非最早的居民。种种遗传研究都试图确定尼安德特人究竟是智人亚种，还是一个独立的物种。化石证据显示，尼安德特人是最早适应冰河时期极端气候的人类，也是最早懂得举行葬礼、照顾病人的人类。尼安德特人的大脑与今天人类的大脑一样大，甚至更大，他们能够制造出穆斯特文化风格的工具。关于尼安德特人的灭绝原因目前仍争论不休。●

亚洲

非洲

印度洋

遗址地图

尼安德特人

旧石器时代中期（40万~3万年前）尼安德特人的发展占有首要地位。在穆斯特文化遗址中，研究人员发现了最早使用洞穴和其他用于御寒的住所。尼安德特人是天生的狩猎者，他们能够制造工具和很多种类的器皿，如带有锋利石质尖刺的木质狩猎武器。

他们生活在
用猛犸象骨头建造的住所里，外部覆有兽皮。

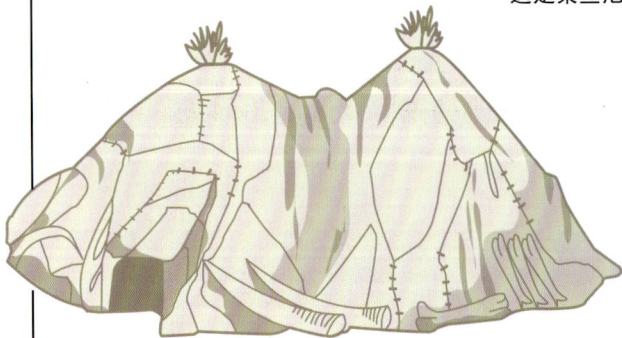

60 000年前

这是某些尼安德特遗物的年代。

坟墓
由于尼安德特人埋葬死者，所以我们对这方面的了解比较多。

男人——狩猎者
男性负责寻找食物，而女性负责照顾子女。一般认为尼安德特人能够在近距离追捕大型猎物。他们使用带有石质尖刺的木制长矛，甚至有可能会扑向猎物。

发现的工具已有
100 000年历史。

用于切和刮的石器

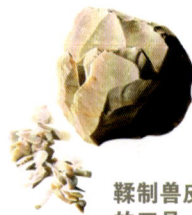

鞣制兽皮的工具

60万年前	40万年前	16万年前
海德堡人分布在欧洲、亚洲的一部分和非洲。	在德国和英国发现的木制长矛可追溯至这一时期。	尼安德特人生活在冰河时期的欧洲和西亚。

■ 尼安德特人　　■ 海德堡人

冰河时期的人类

尼安德特人作为冰河时期洞穴人，能够使用火和各种工具，这些工具使其能够处理木头、毛皮、石头以及其他材料。他们使用兽皮遮体御寒、建造住所，石头和木头则是制造狩猎所使用的武器的关键材料。尼安德特人的化石骨骼结构显示他们眉骨突出、眼窝深陷、鼻宽、上牙较大，他们可能在原始制造过程中使用上牙抓牢兽皮和其他材料。

体格状态
手部的骨头使其能够比现代人更有力地抓握物体。

体型比较

1.65米　　　　　　　1.8米

尼安德特人　现代人

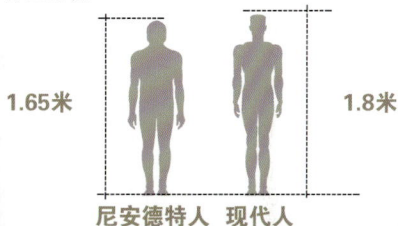

更大的脑容量
与现代人相比，尼安德特人拥有更大的脑容量。

眉骨突出

宽大的鼻子
能够抵御严酷的气候。

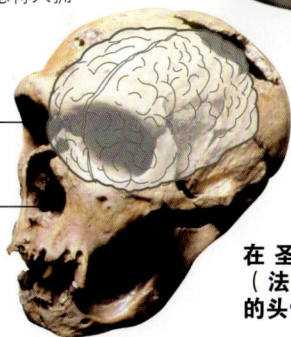

在圣沙拜尔（法国）发现的头骨

脑容量
1 600立方厘米。

15万年前	25 000年前
最早的智人出现于非洲。	尼安德特人由于不为人所知的原因灭绝了。

直系祖先

尽管科学家已经能够证明智人与尼安德特人之间并不存在直接的关系，然而关于人类起源的问题，至今仍争论不休。最为人们所接受的划定尼安德特人化石年代的研究认为，最古老的样本大约可追溯至195 000年前的非洲。新的基于线粒体DNA的遗传研究已经证实了这一时间，并且有助于确定智人缓慢扩张到其他洲的迁徙路线。同时，新的发现也提出了尚未解答的新问题：在40 000年前的欧洲，随着克鲁马农人的出现，在作为智人特征的伟大文化革命发生之前的150 000年之间发生了什么？●

智人

一般认为，克鲁马农人在40 000年前左右到达欧洲。史前艺术、象征性和礼仪仪式方面的遗迹证据将这种具有先进文化的古人类与其之前的人族动物其他物种区别开来。他们很好地适应了所处的环境，生活在山洞里，发展了群体狩猎技术。他们使用陷阱捕获大型动物，用石块捕猎体型较小的动物。

工具
智人发明了多种具有不同用途的工具，一般是由石头、骨头、兽角和木头制成的。

头骨进化
克鲁马农人面部较小、额头较高、下巴较长。

脑容量
其颅腔内可容纳高达1 590立方厘米的大脑。

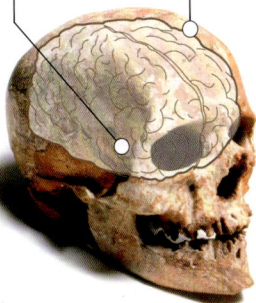

15万年前

"线粒体夏娃"是人类的共同祖先。

12万年前

智人从非洲开始扩张。

扩张理论

科学界对于智人如何扩张到全世界的问题仍未达成共同意见。一般认为，生活在非洲的"线粒体夏娃"是人类最近的共同祖先，因为现今非洲大陆的人种比其他大陆的拥有更多的遗传多样性。智人经过多次的迁徙浪潮，可能到达了亚洲、大洋洲和欧洲。然而，一些科学家认为这样的迁移并不存在，他们认为现代人在旧大陆的各个地区几乎同时发生了进化。

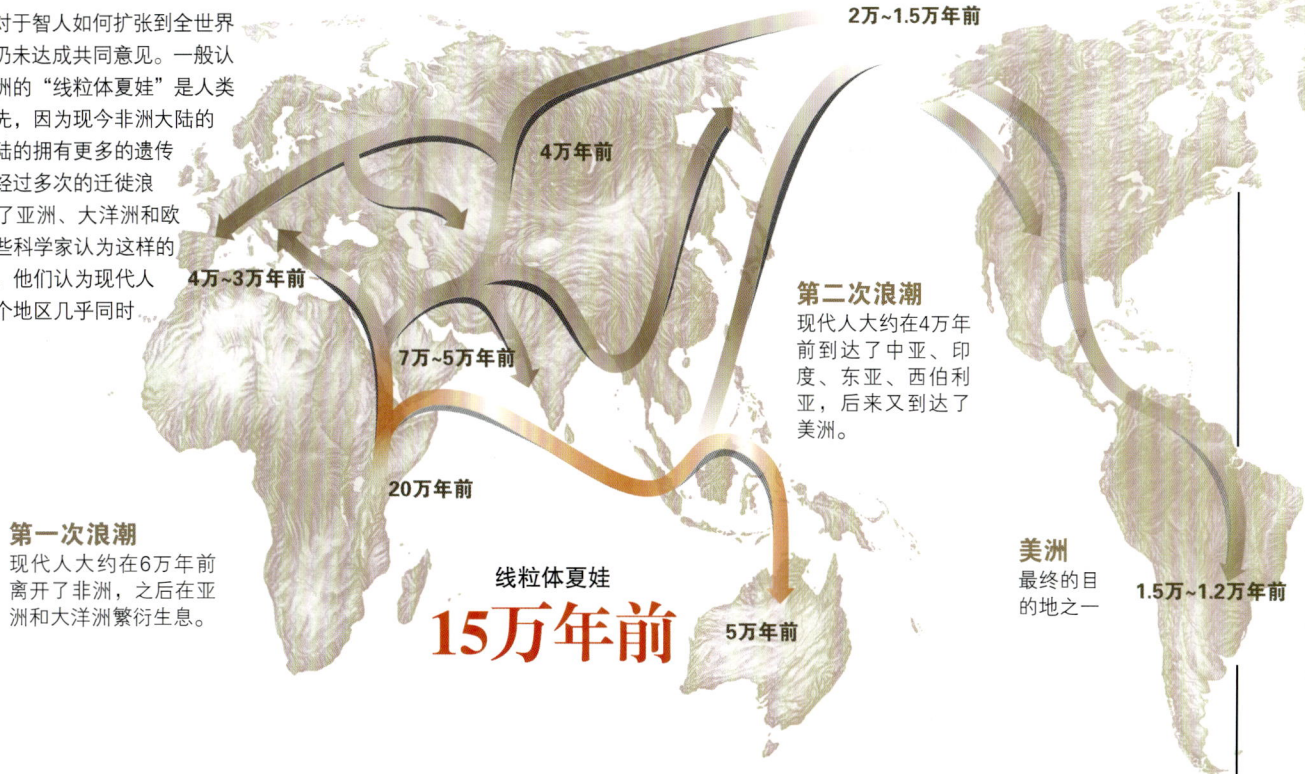

2万~1.5万年前

4万年前

4万~3万年前

7万~5万年前

20万年前

第二次浪潮

现代人大约在4万年前到达了中亚、印度、东亚、西伯利亚，后来又到达了美洲。

美洲

最终的目的地之一

1.5万~1.2万年前

第一次浪潮

现代人大约在6万年前离开了非洲，之后在亚洲和大洋洲繁衍生息。

线粒体夏娃
15万年前

5万年前

非洲摇篮

大部分古人类学家和遗传学家都同意今天的人类起源于非洲。正是在非洲，科学家们发掘出了最古老的人类骨骼化石。

走出非洲

根据这一理论，现代人的出现是非洲的古老智人进化的结果。它们可能从非洲扩张到了世界各地，超越了尼安德特人和原始智人。在最近的40 000年间，发生了种族之间的解剖学差异。

40万年前　　　　15万年前　　智人

直立人

多地域进化

地域连续性理论（或称为多地域进化理论）指出现代人类的进化与当地古老智人的进化一样，都在世界不同的地区同时发生。他们最后的共同祖先应该是生活在180万年前非洲的原始直立人。

智人

直立人

9万年前	6万年前	4万年前
"核亚当"是世界上所有男性的共同祖先。	在中国出现智人的痕迹。	克鲁马农人（智人的一种）在欧洲出现。

文化，伟大的飞跃

且不说文化是如何起源的这一问题仍未得到解决，就连人类世界的事物哪些是天然的，哪些不是都很难确定。许多学科的科学家们正试图通过古生物学家发现的史前生命迹象来解答这些问题。现代智人是人类所属的哺乳动物亚种，大约于15万年前出现在非洲，约3万年前（已发现的最古老的艺术迹象的年代）分散到旧大陆各地，并于11 000年前移居美洲，但是出现农业、工业、人口中心以及支配自然的最早迹象至多只能追溯至10 000年前。有些人认为，由于掌握了比直立人的简单交流形式更高级的、能够表达思想感情的创造性语言，人类最终实现了向文化的飞跃。●

最早的艺术家

洞窟岩画，如阿尔塔米拉（西班牙）和拉斯科（法国）洞窟岩画，毫无疑问地证明了那些制作者们已经拥有了人类的属性。在建筑学产生之前，绘画就已经诞生了，它们被雕刻在石头或者骨头上。关于洞窟岩画的美学、神秘学、社会和宗教功能，目前存在着各种各样的理论，这与今天关于艺术的争论并无不同。

洞窟岩画技巧

几何图案
人们发现欧洲洞窟岩画中的点和线条等几何图案以及神秘的神话怪物形象，与澳大利亚土著岩石艺术具有相似之处。

吹
这种技术是通过空心的杆或骨头将颜料吹出。

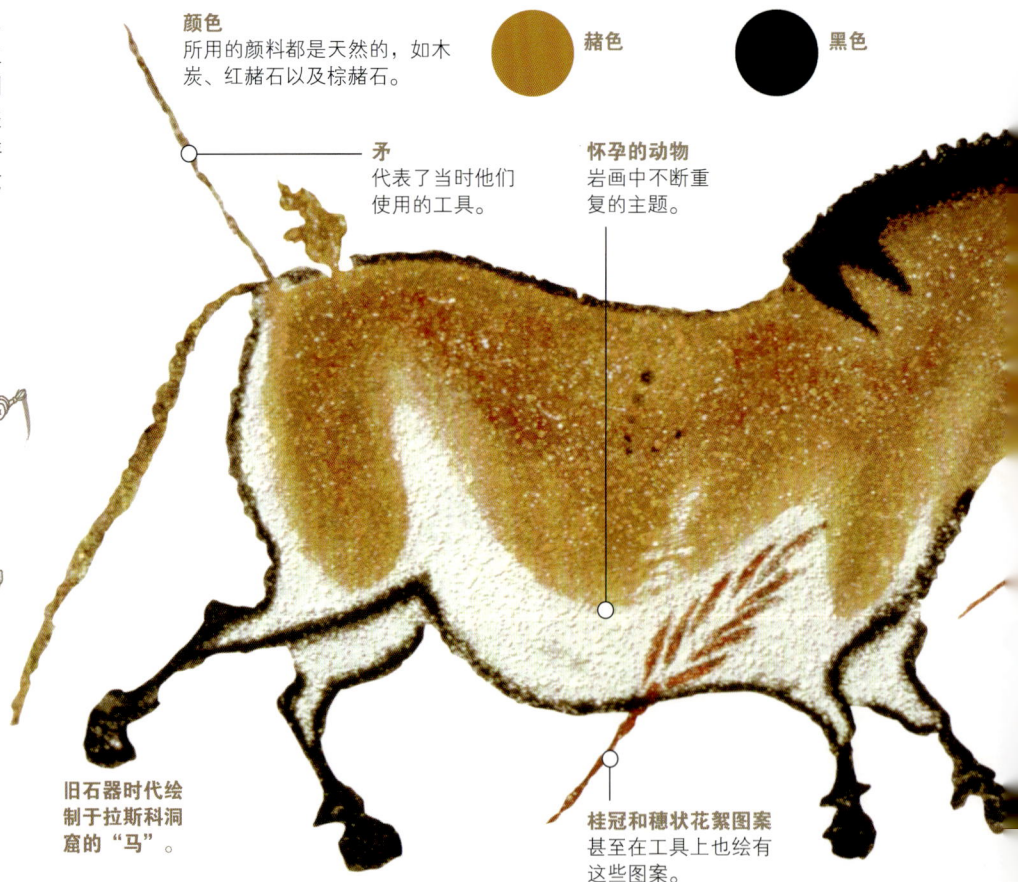

旧石器时代绘制于拉斯科洞窟的"马"。

颜色
所用的颜料都是天然的，如木炭、红赭石以及棕赭石。

赭色

黑色

矛
代表了当时他们使用的工具。

怀孕的动物
岩画中不断重复的主题。

桂冠和穗状花絮图案
甚至在工具上也绘有这些图案。

玉木冰期 3.5万年前	奥瑞纳文化时期 3万年前	佩里戈尔时期 约2.7万年前
旧石器时代晚期开始。	使用由猛犸象长牙制成的工具和石片工具。	出现了能够完美切割的工具，包括多角度刻刀。

岩壁上的艺术

洞窟岩画主要发现于现今法国和西班牙地区。在法国大约有130余个洞穴，其中最著名的位于阿基坦地区（拉斯科、派许摩尔、拉吉瑞、拉马德莱娜）以及比利牛斯山脉（尼奥、蒂多杜贝尔、贝德亚克）。在西班牙北部坎塔夫里亚地区有约60个洞穴，其中包括阿尔塔米拉洞穴，南方地区有约180个洞窟。还有其他地区的洞窟岩画，包括意大利的阿道拉以及俄罗斯的坎普瓦。另一方面小型化的艺术形式在整个欧洲分布异常丰富。

欧洲

黑海

地中海

● 已发现的旧石器时代艺术遗址在欧洲的分布情况。

阿尔塔米拉岩画已有

14 000年

历史。

小头畸形
与动物身体其他部分相比，头部很小。

制作各类物品的行家

由于越来越多地使用骨头等新材料，而且新工具的功能出现了分化，将现代智人与已经能够制作简单工具的祖先区别开来。臼、刀、钻孔工具以及斧子的形状和功能越来越复杂。除器皿和工具外，还出现了具有装饰性和代表性功能的物品，这证明了人类象征能力的增强。通过这些表现形式，艺术得以离开洞穴，成为所谓的便携式艺术。他们制作的物品具有实用、奢华性，或许还具有仪式功能，如旧石器时代的"维纳斯"小雕像。

象征主义
"维伦多夫的维纳斯"雕像，高11厘米，发现于奥地利。

这尊小雕像已有

24 000年

历史。

其他主题和图案

阿尔及利亚的塔西利-阿杰尔洞穴内绘制的狩猎情景

很多地方还发现了手印岩画

旧石器时代工具

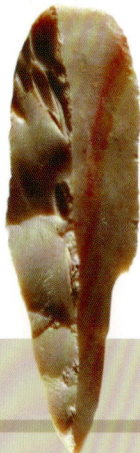

双面刀
这一发明预示着旧石器时代晚期最重要的文化变革。

标枪
这种复杂的骨质工具可追溯至大约11 000年前（马格德林时期，法国）。

剖光斧
于德国韦茨拉尔发掘出土，它体现出2万年前的磨制技术。

梭鲁特时期
2.1万~1.7万年前

使用氧化物绘画，能够使用锐利的工具。

马格德林文化
约1.5万年前

岩画艺术在欧洲南部蓬勃发展。

旧石器时代末期
公元前9000年

冰河期结束，全球气候改善。

城市变革

大约1万年前，在地球上存在一个间冰时期，在此期间气温逐步回升，整体气候的变化使得人类的生活发生了改变。人们不再漫无目的地四处捕猎，而是以定居生活为基础建立起社会团体，农业活动开始出现，人类开始驯化动物。一些村庄发展较快，成为了真正的城市，如土耳其南部的加泰土丘。在这座城市的废墟中，人们发现了大量陶器和属于生育仪式的所谓母亲女神雕像——一个正在分娩的妇女，这被认为是现代考古学的里程碑之一。此外，有迹象表明这里的居民举行丧葬仪式，并为集体坟墓建造石室冢墓。●

加泰土丘城

旧石器时代的城市——加泰土丘

加泰土丘位于安那托利亚（土耳其）南部。这里的房屋毗邻而建，墙壁共用。建筑没有通向外部的窗子或开口，但具有平整的屋顶。人们从屋顶进入房屋，房屋一般为一至两层。墙和排屋由灰泥制成，并涂有红色颜料。在一些主要建筑的墙壁和屋顶上绘有图案。房屋由泥砖砌成，并且为母亲女神专门建造了圣堂。在发掘过程中发现了许多宗教物品，大部分都是表现母亲女神以及公牛和豹头的浮雕陶俑。

高台

牛头

炉子

供奉牛角的祭坛

祭坛台

开放式的炉子

每座房子的平均面积为

25平方米。

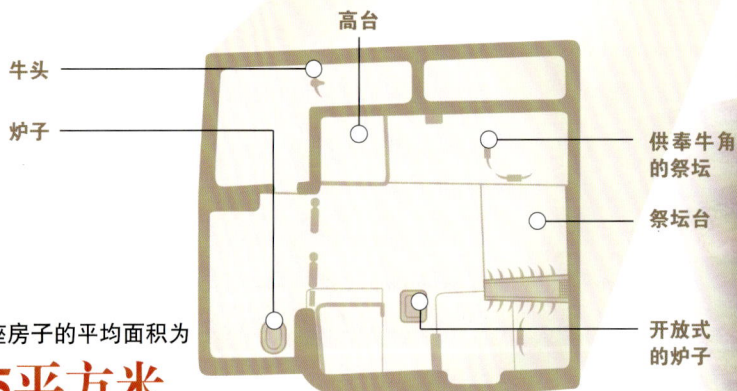

其他建筑类型
巨石建筑的建造过程始于开采大块石头的采石场。

1 **运输**
利用滚轴将石头运至选定建造纪念性建筑物的地点。

2 **直立**
将石块拉进坑里，使其垂直放置。

3 **土木工程**
为建造石室冢墓打造地基。

4 **巨石牌坊**
将石块平放在作为地基的两块垂直树立的石头上。

公元前8000年	公元前7000年	公元前6000年
最早的农业活动迹象。	农业推广；复杂的丧葬仪式。	在波斯湾地区出现稳定的聚居区。

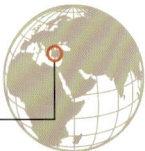

加泰土丘的位置

国家	土耳其
年代	公元前7000年
城市	耕种—畜牧
类型	

作物

在加泰土丘附近的田地里，居民们种植小麦、高粱、豌豆以及小扁豆，采集苹果、开心果和杏仁。

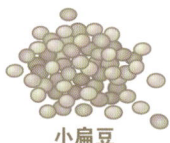

小扁豆

苹果

小麦

公元前 6000年

加泰土丘

是最早的城市之一。

母亲女神

崇拜

由于多产极为重要，农业的兴起与女性崇拜之间具有直接联系。在城市居民家里的祭坛上发现了许多孕妇雕像，上面饰有牛头和其他图形。

公元前3500年

在美索不达米亚发明书写文字。

公元320年

在亚洲出现了最早的带轮子的车。

遗传机制

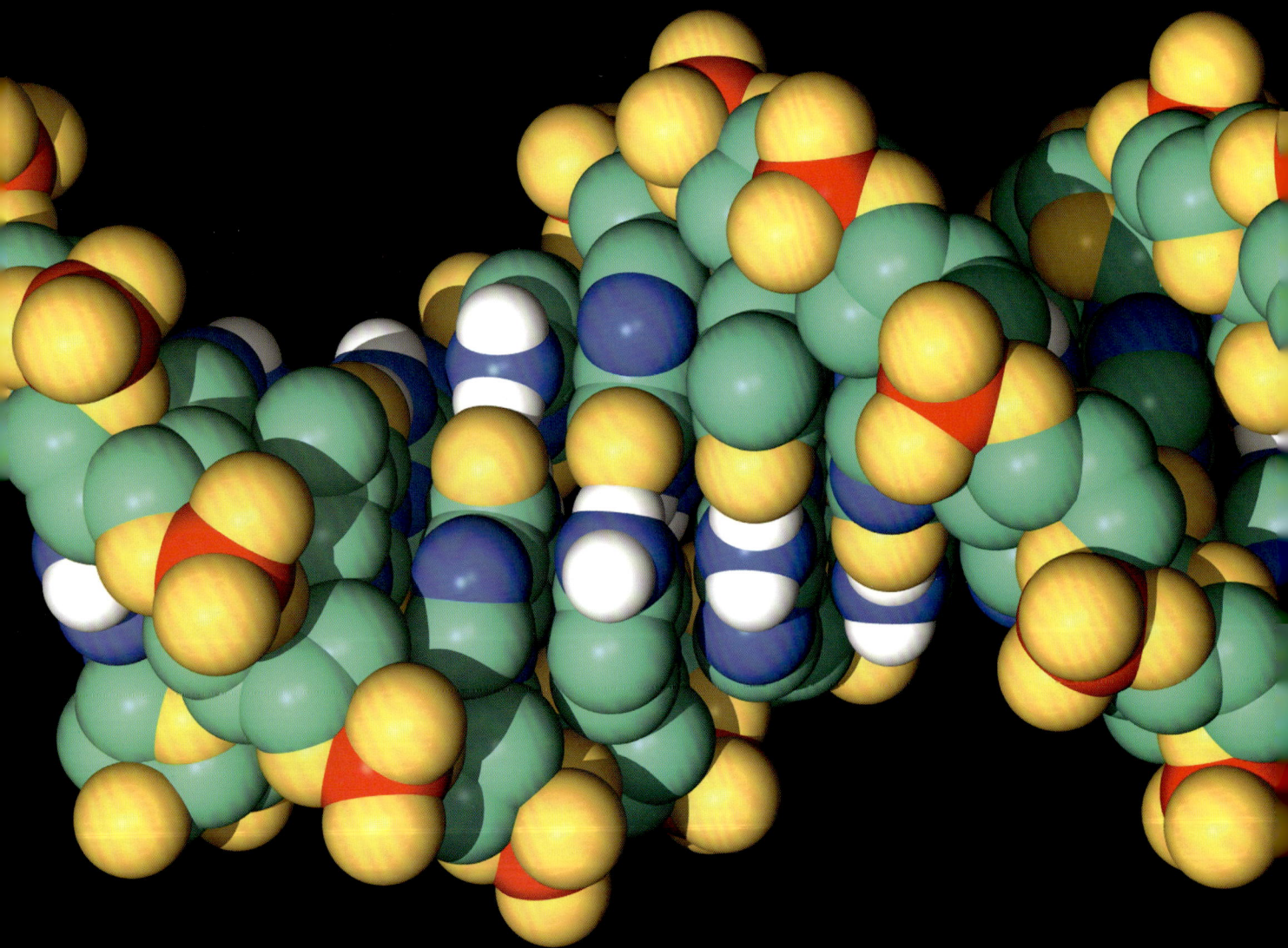

人 体的细胞不断地进行分裂，以新生成的细胞取代受损的细胞。通过细胞分裂形成新的体细胞的过程，称为有丝分裂；而形成卵子或精子的过程，称为减数分裂。在形成新细胞之前，每个细胞中所包含的DNA需要进行自我复制。这个过程之所以能够进行，是因为DNA双链是可以打开并分离的，

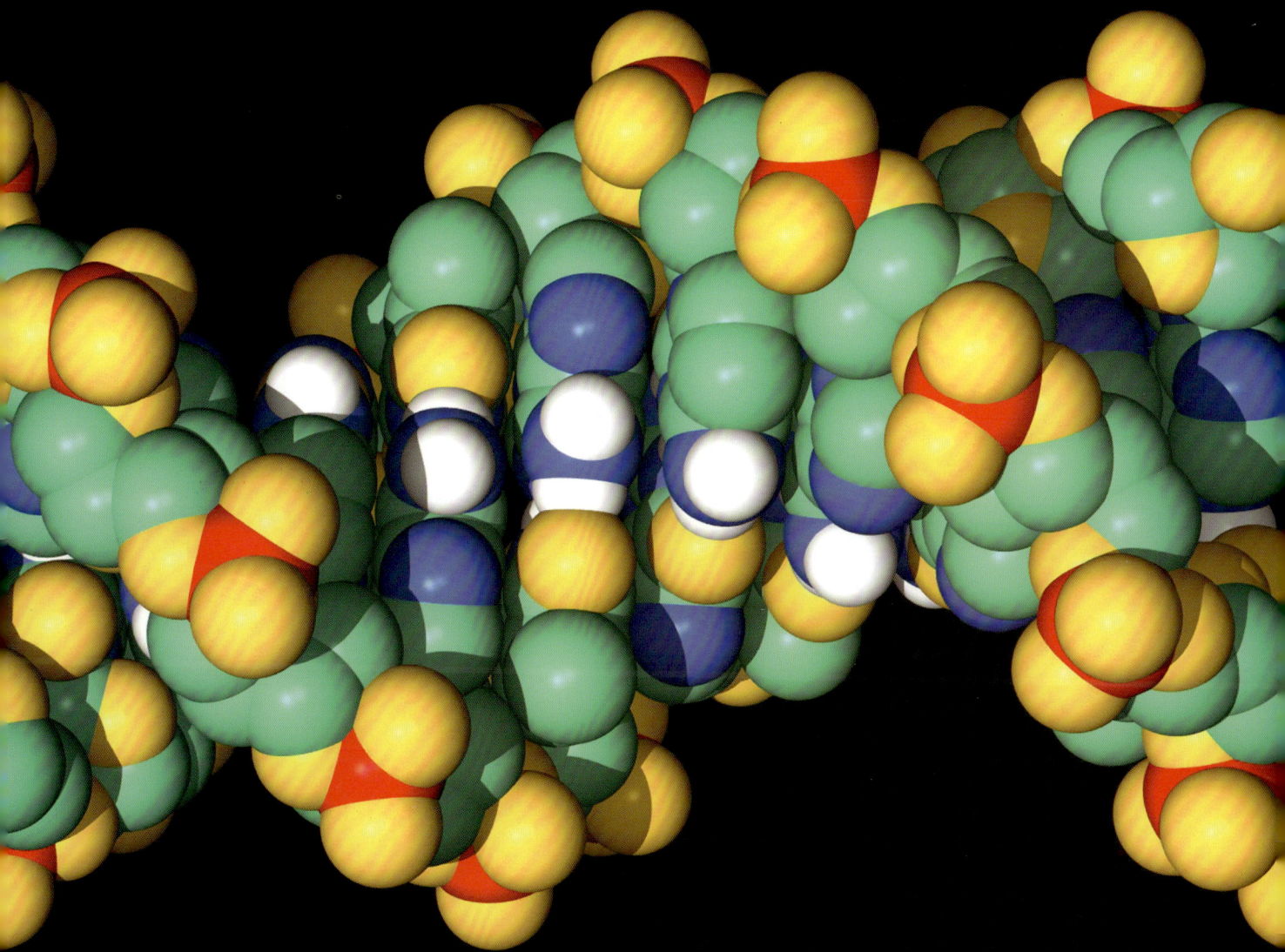

原始DNA双链中的每一条单链都是新链的模板。在这一章，我们将向你讲述为何属于同一物种的人类在身高、体重、肤色、眼睛以及其他躯体特征方面依然会各不相同，这一切的秘密就在于基因。跟我们一起来探究这些奥秘吧。●

自我复制

所有具有生命的生物都将细胞分裂作为繁殖或生长的机制。细胞周期中有一个阶段被称为S阶段，在这个阶段遗传物质DNA进行自我复制，两个同样的染色体单体结合起来形成一个染色体。一旦这个自我复制阶段完成，母本和复制出的新遗传物质将形成有丝分裂所必需的结构，并给出指令启动整个细胞分裂过程。●

细胞核

细胞核是细胞的控制中心。一般来说，它是细胞中最引人注目的结构。细胞核内含有由DNA构成的染色体。人类的每一个细胞核都由23对染色体构成。细胞核被两层多孔膜包裹。

生长与细胞分裂

细胞周期包括细胞生长阶段，在这一阶段细胞大规模生长，复制所有的细胞器进行细胞分裂，在细胞分裂过程中，DNA进行自我复制，细胞核分裂。

1

G1阶段
细胞体积倍增。细胞器、酶以及其他分子数量增多。

5

胞质分裂
母本细胞的细胞质分裂，形成两个与其完全相同的子细胞。

细胞分裂间期

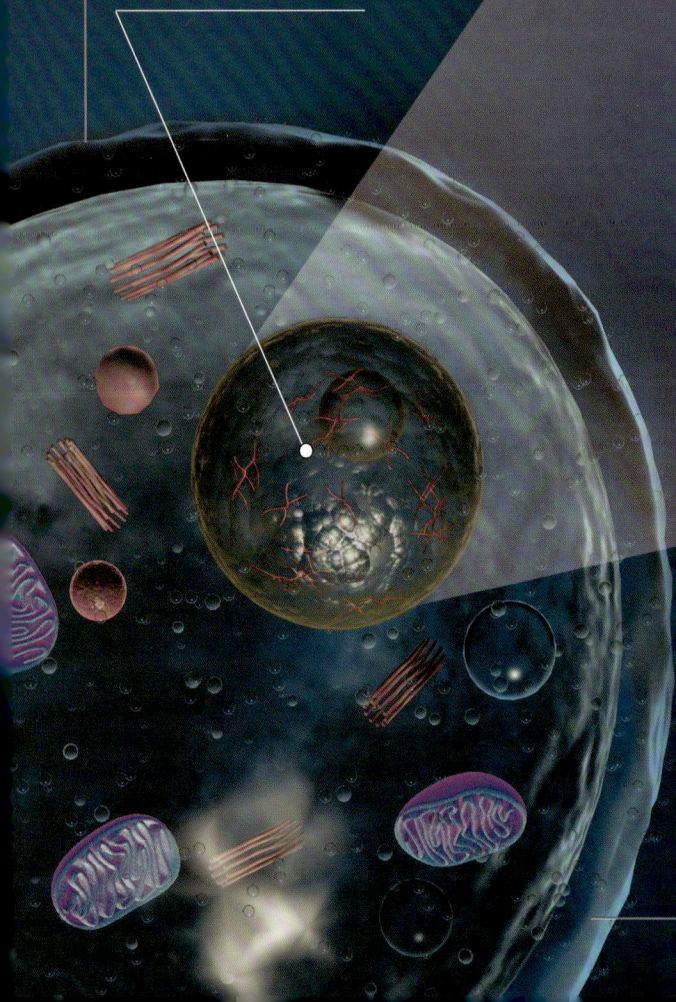

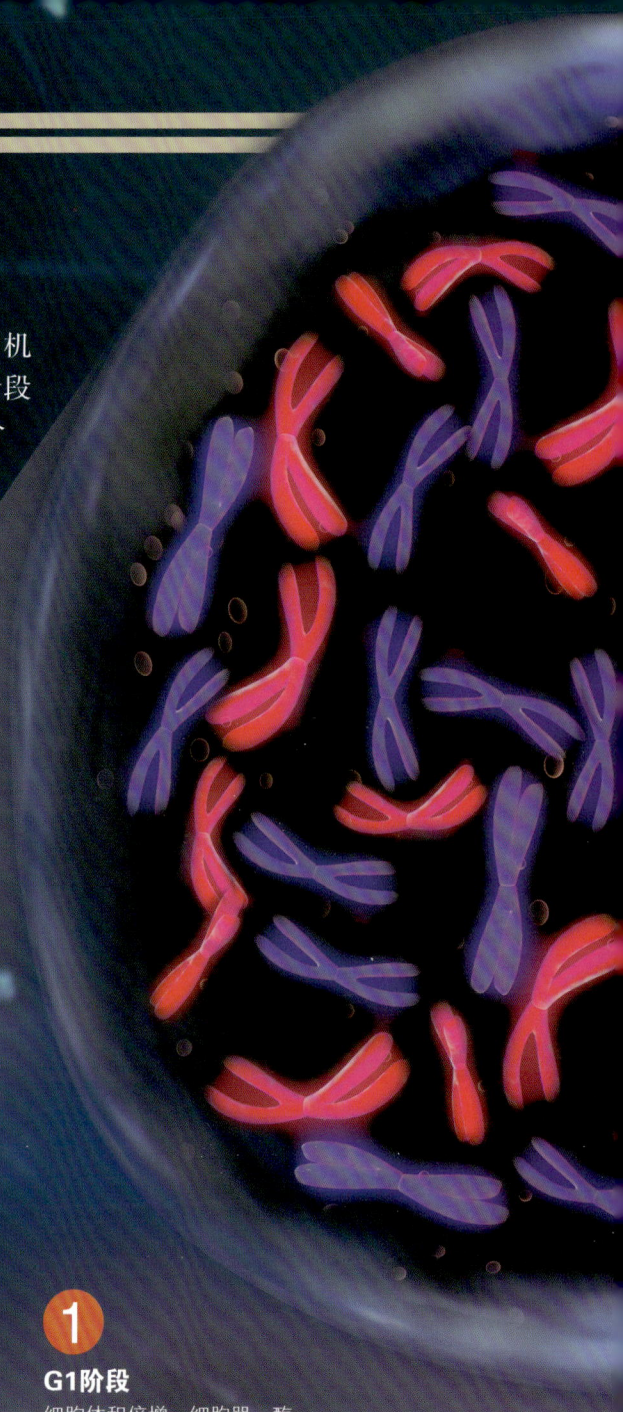

4

有丝分裂
两份染色体被分别分配至两个子细胞的细胞核。

人类细胞染色体DNA
的最大长度为
2米。

染色体的样子

染色体一旦自我复
制，就会形成一个交
叉形状的结构。在这个
结构中，染色单体的结合
点被称为着丝点。

染色体的历史

 染色体携带遗传基因，控制由父母遗
传至子女且代代相传的人类特征。
1842年，卡尔·威廉·冯·内格里发现了染
色体。1910年，托马斯·亨特·摩尔根发现
了染色体的主要功能，他将染色体称为基因
携带体。凭借这一发现，摩尔根在1933年获
得了诺贝尔生理学或医学奖。

人类
46条
染色体

染色体的数量在各物种之间存在的差异

各物种染色体数量的差异与
其体型大小和复杂程度并无
直接的关系。蕨类植物具有
成百上千条染色体，而蚊蝇
类仅有几对染色体。

蝾螈
24条
染色体

蕨类植物
1 262条
染色体

果蝇
8条
染色体

② **S阶段**
DNA和相关蛋白质进行
自我复制，形成两份遗
传信息的复制本。

③ **G2阶段**
染色体开始压缩，细胞
准备进行分裂。

染色体

染色体是细胞中一种呈线状的载有遗传信息的物质。真核生物的染色体在有丝分裂和减数分裂的过程中进行压缩，形成多个组织，通过显微镜可以观察到这个过程。其染色体由DNA（脱氧核糖核酸）和RNA（核糖核酸）以及蛋白质构成。大多数蛋白质为组蛋白，是带正电荷的小分子。染色体携带基因，是对个体特征起到重要作用的功能性结构。●

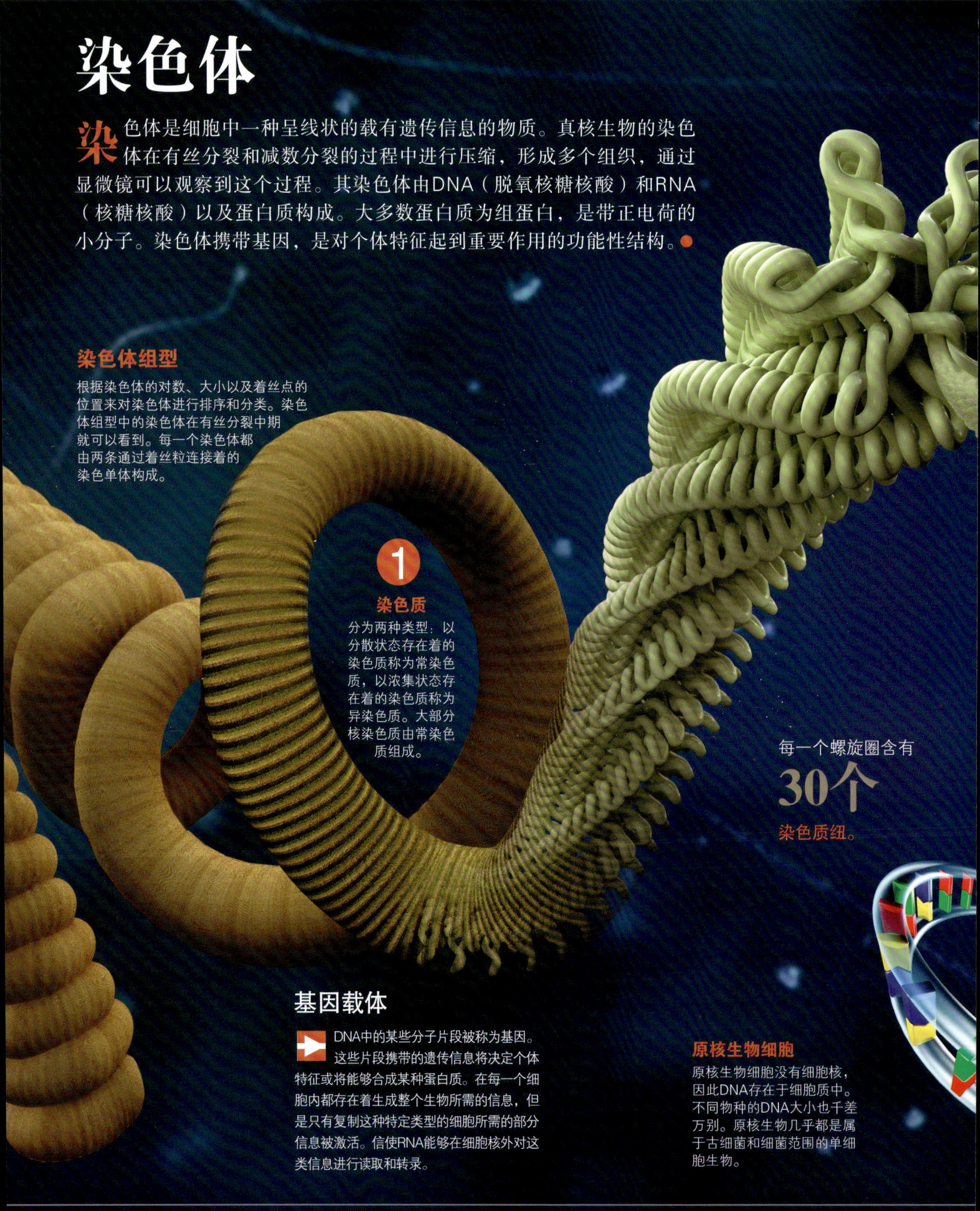

染色体组型

根据染色体的对数、大小以及着丝点的位置来对染色体进行排序和分类。染色体组型中的染色体在有丝分裂中期就可以看到。每一个染色体都由两条通过着丝粒连接着的染色单体构成。

1

染色质

分为两种类型：以分散状态存在着的染色质称为常染色质，以浓集状态存在着的染色质称为异染色质。大部分核染色质由常染色质组成。

每一个螺旋圈含有

30个

染色质纽。

基因载体

DNA中的某些分子片段被称为基因。这些片段携带的遗传信息将决定个体特征或将能够合成某种蛋白质。在每一个细胞内都存在着生成整个生物所需的信息，但是只有复制这种特定类型的细胞所需的部分信息被激活。信使RNA能够在细胞核外对这类信息进行读取和转录。

原核生物细胞

原核生物细胞没有细胞核，因此DNA存在于细胞质中。不同物种的DNA大小也千差万别。原核生物几乎都是属于古细菌和细菌范围的单细胞生物。

2

框架结构

每一个染色质纽都由类似"脚手架"的其他蛋白质所固定的环状结构组成。这些环状结构有助于染色质的压缩。

每一个染色质纽含有

6个

环状结构。

3

螺线管

指构成一圈环状结构的、六个一组的核小体。

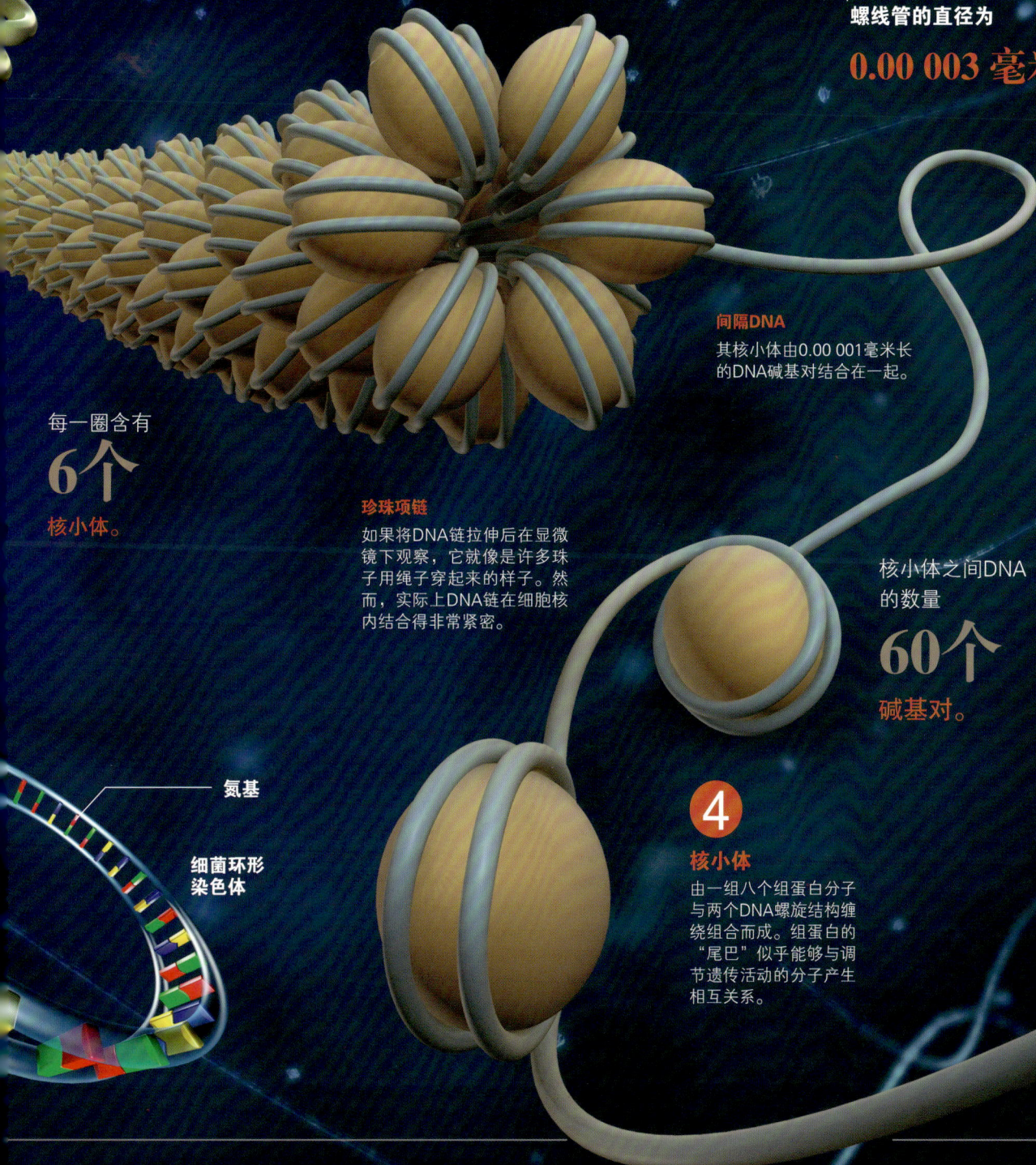

螺线管的直径为

0.00 003 毫米。

间隔DNA

其核小体由0.00 001毫米长的DNA碱基对结合在一起。

每一圈含有

6个

核小体。

珍珠项链

如果将DNA链拉伸后在显微镜下观察，它就像是许多珠子用绳子穿起来的样子。然而，实际上DNA链在细胞核内结合得非常紧密。

核小体之间DNA的数量

60个

碱基对。

氮基

细菌环形染色体

4

核小体

由一组八个组蛋白分子与两个DNA螺旋结构缠绕组合而成。组蛋白的"尾巴"似乎能够与调节遗传活动的分子产生相互关系。

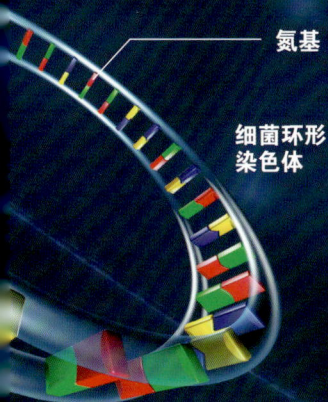

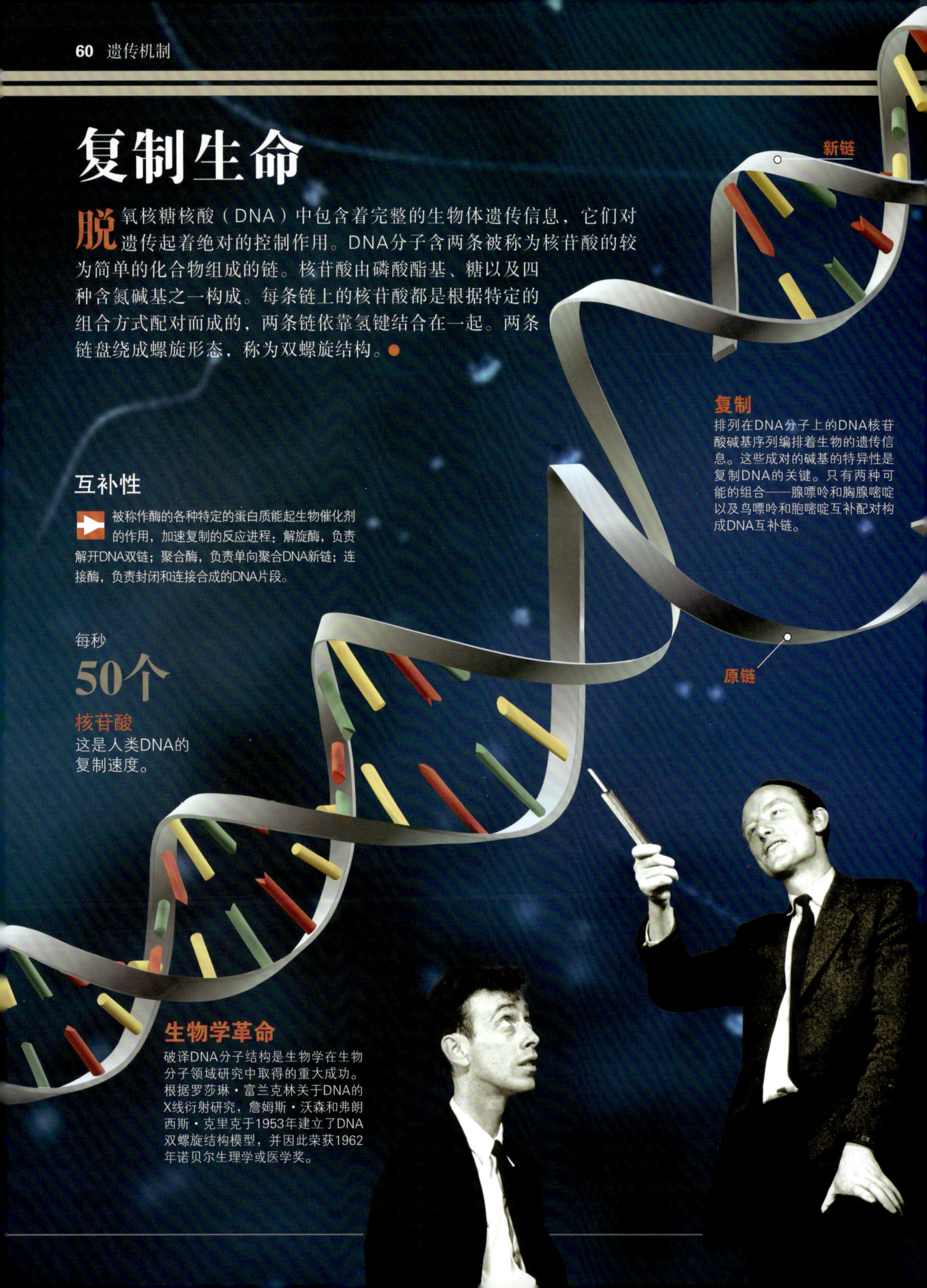

复制生命

脱氧核糖核酸（DNA）中包含着完整的生物体遗传信息，它们对遗传起着绝对的控制作用。DNA分子含两条被称为核苷酸的较为简单的化合物组成的链。核苷酸由磷酸酯基、糖以及四种含氮碱基之一构成。每条链上的核苷酸都是根据特定的组合方式配对而成的，两条链依靠氢键结合在一起。两条链盘绕成螺旋形态，称为双螺旋结构。●

新链

复制

排列在DNA分子上的DNA核苷酸碱基序列编排着生物的遗传信息。这些成对的碱基的特异性是复制DNA的关键。只有两种可能的组合——腺嘌呤和胸腺嘧啶以及鸟嘌呤和胞嘧啶互补配对构成DNA互补链。

互补性

▶ 被称作酶的各种特定的蛋白质能起生物催化剂的作用，加速复制的反应进程；解旋酶，负责解开DNA双链；聚合酶，负责单向聚合DNA新链；连接酶，负责封闭和连接合成的DNA片段。

每秒
50个
核苷酸
这是人类DNA的
复制速度。

原链

生物学革命

破译DNA分子结构是生物学在生物分子领域研究中取得的重大成功。根据罗莎琳·富兰克林关于DNA的X线衍射研究，詹姆斯·沃森和弗朗西斯·克里克于1953年建立了DNA双螺旋结构模型，并因此荣获1962年诺贝尔生理学或医学奖。

① 弱桥

解旋酶使双螺旋结构断开，从而启动了双链复制，以双链作为模板复制出一个新的双螺旋结构。

② 释放能量

形成新连接的能量来自于磷酸基。自由的含氮碱基以三磷酸盐的形式存在。磷酸基的分离为正在形成的新链中的核苷酸配对提供了能量。

③ 新连接

DNA新链中的短片段进行配对，连接酶使短片段结合形成子代分子。

④ 完美复制

结果是形成两个新分子，每一个都包含原DNA的一条单链以及一条新的互补链，我们称这种复制为半保留复制。新单链上的遗传信息与原DNA分子完全一致。

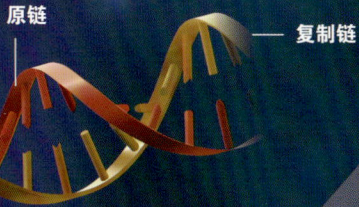

原链

复制链

基本机制

新的碱基相连形成一条DNA链，是原模板链的子链。

核苷酸

核苷酸由三个子单元结构组成：一个磷酸基团、一个五碳糖和一个含氮碱基。在DNA中，这些碱基都是有机小分子。腺嘌呤和鸟嘌呤是嘌呤，胞嘧啶和胸腺嘧啶是嘧啶，嘧啶比嘌呤小。除不含氧元素的腺嘌呤外，它们都是由氮、氢、碳和氧构成的。腺嘌呤总是与胸腺嘧啶配对，鸟嘌呤总是与胞嘧啶配对。第一对由两个氢键连接，第二对由三个氢键连接。

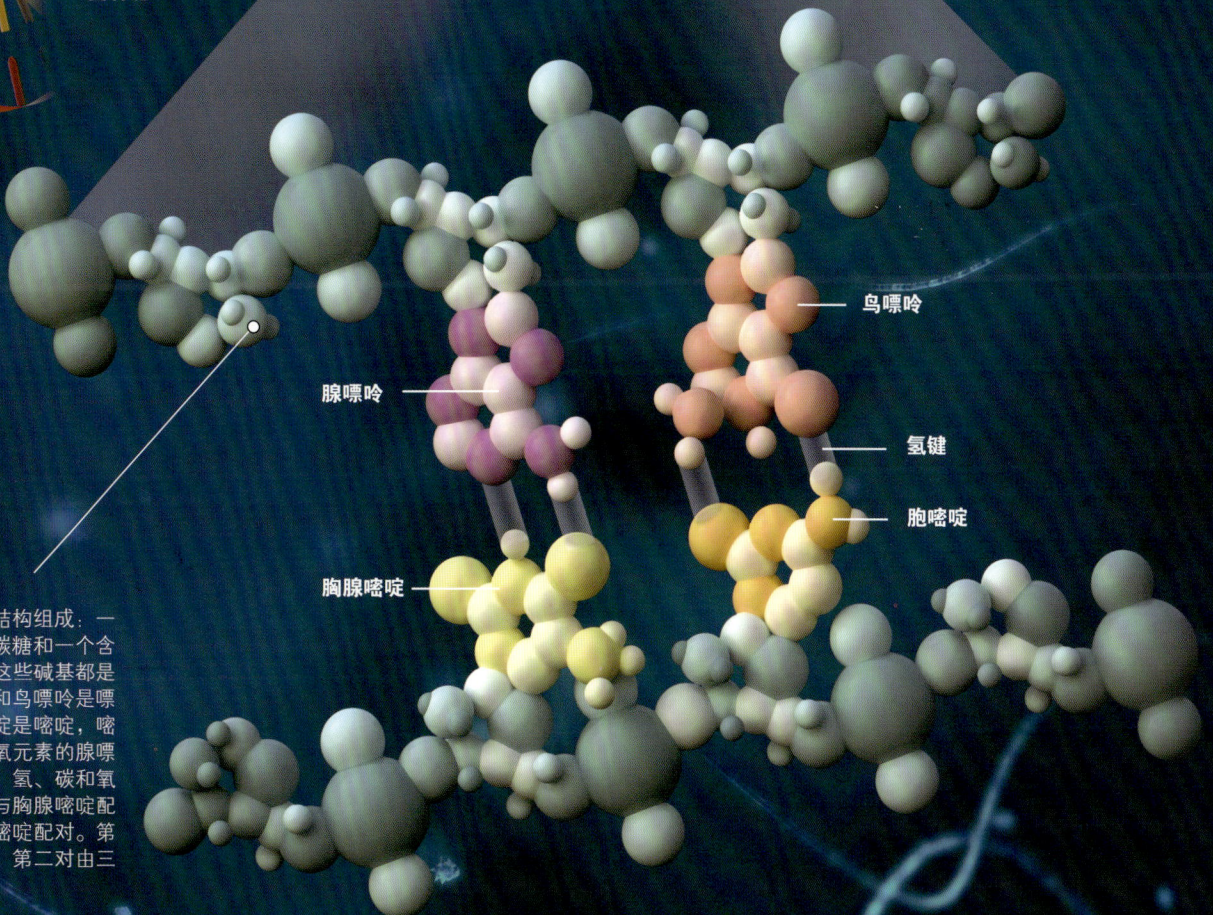

鸟嘌呤

腺嘌呤

氢键

胞嘧啶

胸腺嘧啶

转录

DNA单链的复制过程被称为转录。为此，双链在一种酶的作用下断开，使RNA聚合酶与其中的一条链相连。然后，将这条DNA单链作为模板链，聚合酶使用核内自由含氮碱基开始合成信使RNA。

1

DNA分离

转录DNA时，其双链断开，使单链DNA碱基序列获得自由，并重新配对。

2

转录

其中的一条链被称为转录链，在RNA聚合酶的催化作用下通过核内自由碱基的加成反应进行复制，最后形成一条mRNA（信使RNA）单链。

转录过程中每秒可复制

30个

碱基。

遗传密码转录

这一复杂的转译过程使存储在核DNA中的信息能够到达细胞的细胞器，进行多肽的合成。RNA（核糖核酸）是这一过程的关键。mRNA（信使RNA）负责以碱基单链的形式将核内信息转录至核糖体。核糖体和转运RNA（tRNA）翻译信使RNA携带的信息，根据遗传指令在周围合成氨基酸。●

RNA压缩

在形成信使RNA时，需要除去无用的部分以减小体积。

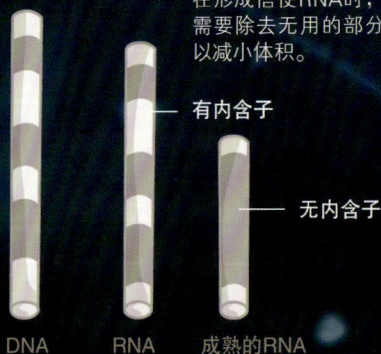

—— 有内含子

—— 无内含子

DNA RNA 成熟的RNA

合成多肽链

当氨基酸基团形成一条链时，便会形成多肽结构。为此，核糖体要翻译信使RNA从核DNA转录而来的信息，并在转运RNA的帮助下通过密码子和反密码子配对，为氨基酸编码排序，然后将每一个氨基酸放置在其所属的位置上。

核糖体

是一种细胞器，多肽在这里合成。它有助于翻译信使RNA携带的信息。

酶

通过制作连接氨基酸的肽链来参与多肽链的形成。

tRNA

转运RNA负责识别并翻译信使RNA携带的信息。

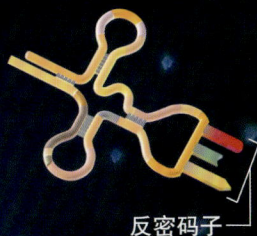

反密码子

多肽

由10~50个氨基酸分子组成的肽被称为多肽。其中每一个氨基酸分子被认为是一个肽。

5

中止

合成过程发生于起始密码和终止密码之间。一旦单链到达终点，核糖体就停止合成多肽链并释放多肽链。

3

离开细胞核

如果DNA离开细胞核，它可能会受损，因此只是信使RNA以单链的形式转录DNA的信息，由该单链将信息携带至细胞的细胞质内。

4

翻译

在核糖体中，信使RNA携带的信息得到翻译，并在转运RNA的参与下，启动多肽链的合成。

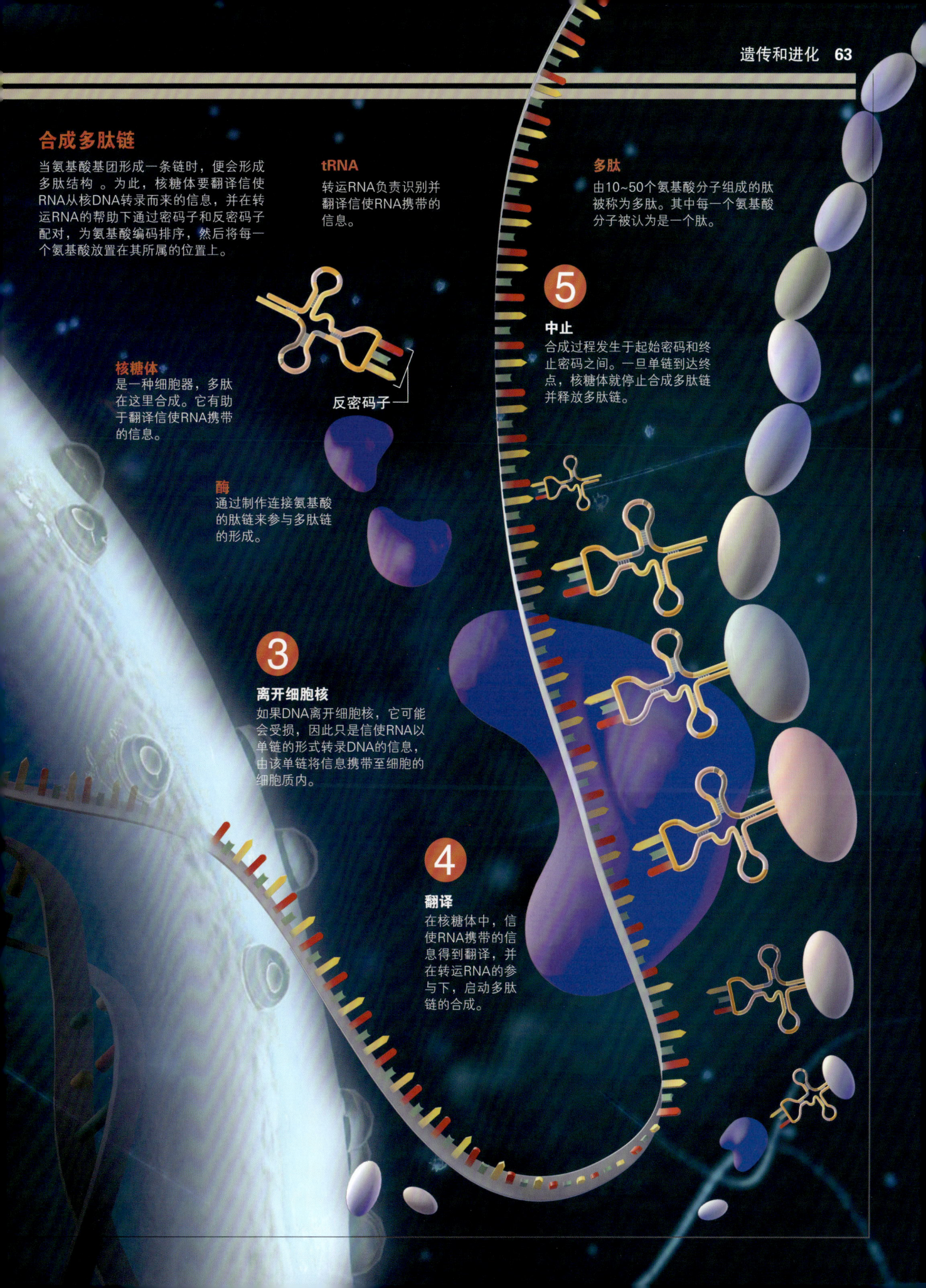

基因路径

性状的遗传随性别的不同而存在差异，这种遗传模式被称为伴性遗传。格雷戈尔·孟德尔是遗传学之父，他提出了分离定律，即只有当基因分属于不同的染色体时才可能出现这种现象；如果基因在同一个染色体上，它们就会共同得到遗传。后来托马斯·摩尔根为伴性遗传提供了更多证据。如今很多遗传性状的表现都符合这一模式，如血友病和色盲症。

A 减数分裂1期
第一次分裂分为四个阶段，其中有丝分裂前期1期最具有减数分裂的特征，因为这一阶段中包含了最基本减数分裂的过程——配对和交叉，这使得在这一阶段的末期，染色体的数量减半。

2 有丝分裂中期1
核膜消失。两个染色体组成的染色体交叉连接在一起，着丝点移开。

3 有丝分裂后期1
染色体交叉断开。同源染色体相互分开，各自进入子细胞的细胞核中。

1 有丝分裂前期1期
同源染色体进行配对，形成染色体交叉，这是减数分裂独有的特征。

■ 来自于母亲的染色体
■ 来自于父亲的染色体

连锁
基因在同一个染色体上呈线状排列，作为单独的单元得到遗传。

—— 基因
连锁基因

A 染色体根据各自的基因不同而相互区分

交叉
在这一阶段，一对相似的染色体在结合时进行物质交换。

B 信息交叉

C 生成的染色体对

—— 着丝点

D 可能的组合

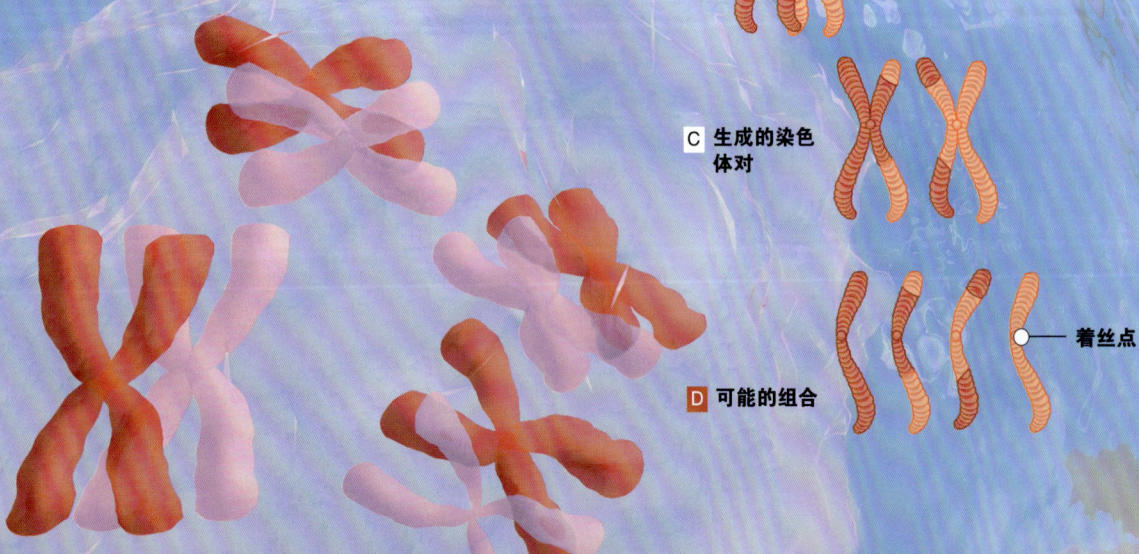

4
有丝分裂末期1
核膜重新出现，每侧被包围的染色体数目降至原有数目的一半。

5
有丝分裂前期2
开始分裂形成两个子细胞：染色单体压缩，核膜碎裂，形成纺锤体。

B **减数分裂2期**
第二次分裂过程中，在分裂1期组成染色体的两个染色单体分离。在两次分裂后，形成了4个子细胞，各自含有半数的特征染色体——即每个子细胞含有23个染色体（单倍体细胞）。每个染色体都由一个染色单体构成。

6
有丝分裂中期2
分裂继续在子细胞内进行。着丝点排列在中心位置，染色单体将自己附着在纺锤体的牵丝上。

7
有丝分裂后期2
着丝点再次分离，两条姊妹染色单体随之分开，移向细胞两极。

8
有丝分裂末期的细胞核
纺锤体消失，围绕细胞核形成了核膜。

遗传
就人类而言，已经在性染色体上发现了某些基因，这些基因的遗传与性别存在着关系。比如，人们已经发现血友病和色盲基因存在于X性染色体上。

格雷戈尔·孟德尔
(1822—1884)
提出了首批遗传定律。

9
新核
形成的新细胞含有单倍体染色体。

10
胞质分裂
细胞质分裂，母细胞分裂为两个子细胞。

1920年
托马斯·摩尔根
于1920年对黑腹果蝇眼睛的颜色进行了研究。

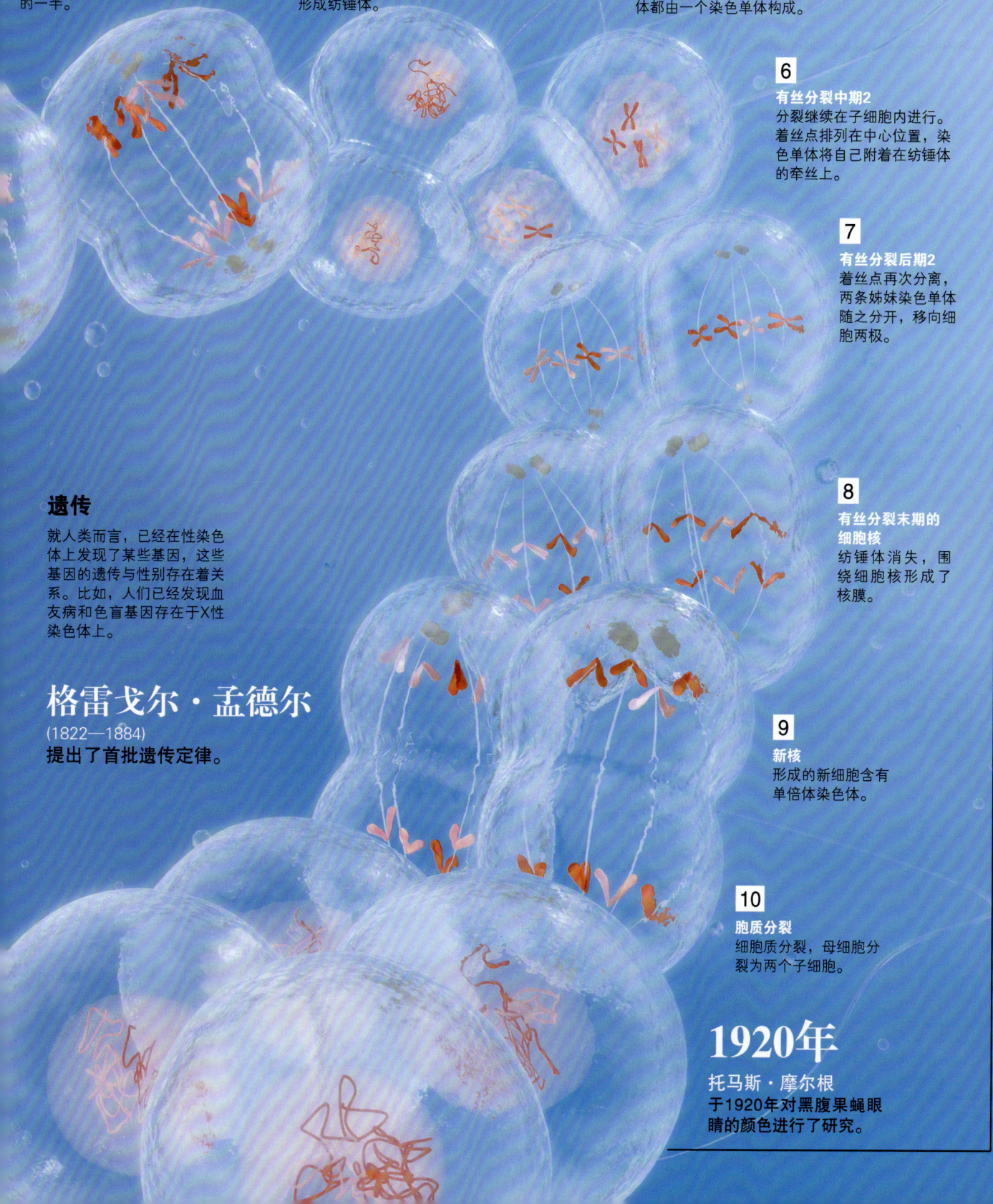

遗传问题

在 19世纪末期，父母将生理特征遗传给子女的方式尚无法得到确定。这种不确定性也存在于植物和动物育种领域，给农业和畜牧业生产者造成很大的困扰，因为对于自己播种的植物和饲养的动物将会获得何种质量的产品，他们不得而知。孟德尔的工作及其对分子遗传学的贡献最终引向这些问题的解决，并使我们了解了遗传机制是如何发挥作用的。●

孟德尔的遗产

▶ 孟德尔提出的定律是经典遗传学（即孟德尔遗传学）的基础，在20世纪初期达到了鼎盛。这种科学研究了形态学性状的改种（等位基因）是如何从一代传至下一代的。随后，在确认遗传是由细胞核内的成分进行控制的之后，分子遗传学得到了发展。这门学科在分子层面上对遗传进行研究，并对DNA结构以及与遗传相关的功能性单位即基因进行分析。分子遗传学将经典遗传学和分子生物学联系了起来。分子遗传学的运用使我们了解了生物的可见性状与分子遗传信息之间存在的关系。

显性和隐性

个体的基因性状是由一对变异体或等位基因表达的。一般情况下，即便存在同一基因的其他等位基因，显性基因也可以表现出来。而隐性基因只有在另一个等位基因也是隐性基因时才可能有机会表现出来。

显性
具有两个显性等位基因，就该性状而言，个体为纯合显性。

杂合
当个体各有一种等位基因时，就该性状而言，个体为杂合子。

纯合
具有两个隐性等位基因，就该性状而言，个体为纯合隐性。

纯合还是杂合
个体拥有棕色的眼睛，那么该个体至少拥有一个显性等位基因。

隐性纯合
个体拥有蓝色的眼睛，那么该个体具有两个隐性等位基因。

中间状况
在某些情况中，眼睛的颜色不完全取决于显性基因，它还受到其他等位基因的影响。

从花园开始
19世纪，孟德尔将圣托马斯修道院花园作为遗传学实验的实验室。20世纪，经典遗传学以及分子遗传学大大丰富了我们关于遗传机制的知识。

1869年
奥地利奥古斯丁修道士格雷戈尔·孟德尔提出了解释遗传机制的定律。他的学说未受到科学界的重视。

1869年
瑞士医生约翰·费雷德里希·米舍尔提出脱氧核糖核酸（DNA）是传递遗传性状的要素。

1889年
威廉·冯·瓦尔代尔将构成DNA细胞的组织命名为"染色体"。

1900年
德国人卡尔·埃里希·科伦斯、奥地利人埃里希·切尔马克以及荷兰人休戈·德弗里斯分别各自发现了孟德尔的论著。

1926年
T.H. 摩尔根展示了染色体中不同基因连在一起形成的连锁群。

1953年
詹姆斯·沃森以及弗朗西斯·克里克提出了DNA结构双链聚合模型。

1973年
科学家创造了第一个基因经过改造的细菌。

1977年
北美科学家首次将人类细胞遗传物质插入细菌细胞。

1982年
美国将通过基因工程手段制造的重组胰岛素投放市场。

1990年
一个国际财团提出了破译人类基因组项目。

1997年
第一只克隆哺乳动物绵羊多莉诞生。

2000年
人类基因组计划以及塞莱拉基因公司发布破译人类基因组。

进行计算的人

▶ 格雷戈尔·约翰·孟德尔于1822年出生于奥地利海因茨恩道夫，1884年在奥匈帝国布伦恩（现为捷克共和国布尔诺）逝世。作为奥古斯丁修道院的神职人员，他来到维也纳大学进修，在三年时间里他学习了数学、物理学和自然科学。充分的学术训练以及突出的聪明才智帮助他建立了一系列实验，在这些实验中他使用了豌豆，分析了豌豆的各种性状，包括花、果实、茎和叶的外观。在研究方法方面，他提出了一项创新：他将获得的研究成果进行了数学计算。其结论对于理解遗传机制具有关键性作用。

豌豆
这种豌豆属的豌豆植物是孟德尔获得遗传学结论的关键。

植物学
这里展示的是一个植物学教学工具。孟德尔作为一名无私的自然学家，一生致力于将不同物种的植物做成标本，并将其收入标本集。

一致性

孟德尔遗传学的第一定律（或称为原则）认为，让两个同一性状分别表现为显性和隐性的纯合亲本（P）杂交，其后代，即子代1（F1）的表现一致。这表明所有子代1（F1）个体都因为具有纯合显性性状而表现相同。这个例子中使用了种子的颜色性状，黄色为显性性状，绿色为隐性性状。因此，子代1（F1）种子的颜色都为黄色。

纯合个体

1 孟德尔使用的是纯合个体，并且是他确知的某一性状显示为显性的和显示为隐性的纯合植株植物。为进行试验，孟德尔仔细地包裹或直接切除了花的雄蕊以防止自花授粉。

形状与等位基因

第一定律也被称为分离定律，这一定律体现在杂交F1代个体时获得的子代中。其后代，即子代2（F2）重新出现了绿色种子，孟德尔认为种子的颜色性状通过黄色（显性性状）和绿色（隐性性状）编码变异体（或等位基因）而得以显现。

独立性

第二定律也被称为自由组合定律，它认为不同性状的等位基因将独立遗传给下一代。分析孟德尔对两种遗传性状同时进行研究的试验结果可以确认这一点。例如，他分析了"种子的颜色和表皮质地"这两种性状。他将黄色的和圆而饱满的豆粒视为显性等位基因表现出的性状，将绿色的和皱而干瘪的豆粒视为隐性等位基因表现出的性状。之后他将具有这两种性状的纯合植株杂交，获得了只显示显性等位基因性状的F1子代。F1子代通过自花授粉生成F2子代个体，其恒定比例为9：3：3：1，这证明等位基因的结合会以独立的方式遗传给后代。

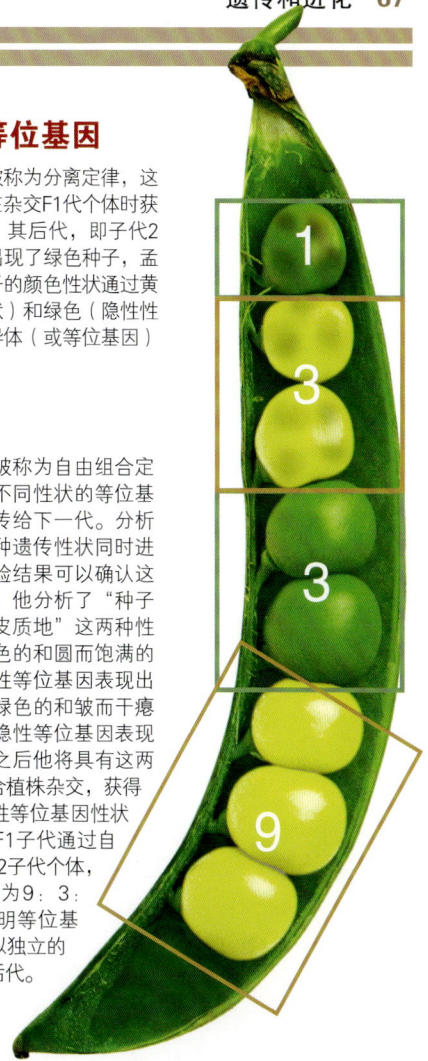

P

1
3
3
9

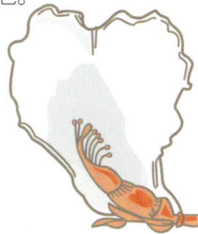

黄色

← **杂交** →

黄色

子代1 F1

获得第一代子代

绿色

黄色

→ **自花授粉** ←

授粉

2 在阻止了自花授粉后，孟德尔将显性纯合花粉涂在隐性纯合子房上，又将隐性纯合花粉涂在显性纯合子房上。除了颜色之外，他还研究了其他形状，如植株的高度，种子的外观以及花的颜色。

高植株　　　矮植株

黄色：3
绿色：1

F1个体杂交或自花授粉，生成的F2个体种子的黄绿颜色比例稳定在3:1。因此，可以推测F1代是由杂合体构成的。编码变异体（或等位基因）而得以显现。

子代2 F2

获得第二代子代

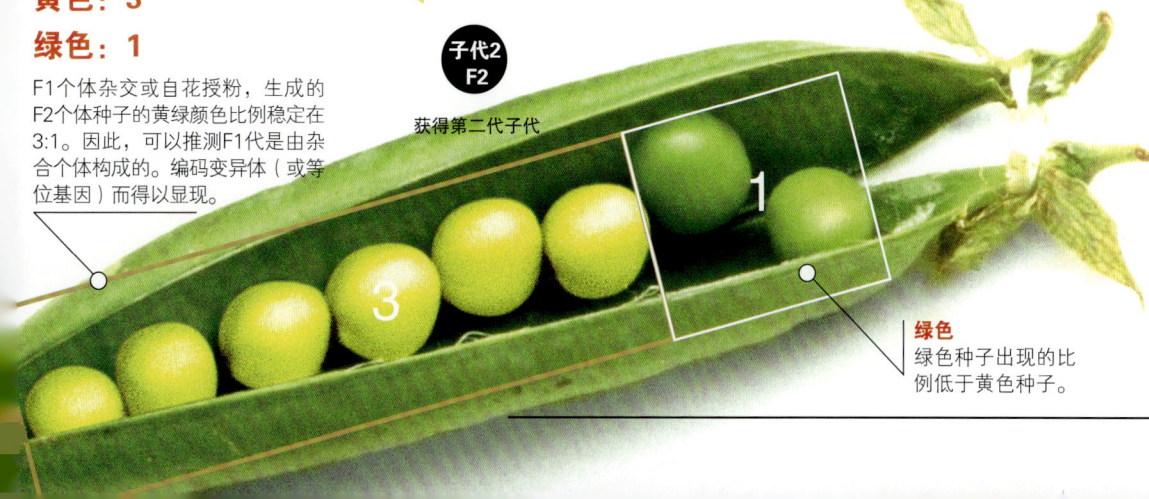

3

1

富有成效的工作

3 植株长出豆荚后，种子显示出意料中的颜色。在对上百个个体进行试验后，孟德尔获得了大量的信息。他在表格中记录数据，并对数据进行了概率分析。通过这种方法，孟德尔将研究结果并入结论中，形成了今天我们所知的孟德尔定律或称作遗传原理。

绿色
绿色种子出现的比例低于黄色种子。

基因时代

DNA分析

近年来，基因识别技术几乎已经成为侦破失踪、强奸、凶杀案件以及亲子鉴定中进行身份识别的绝对可靠的证据。

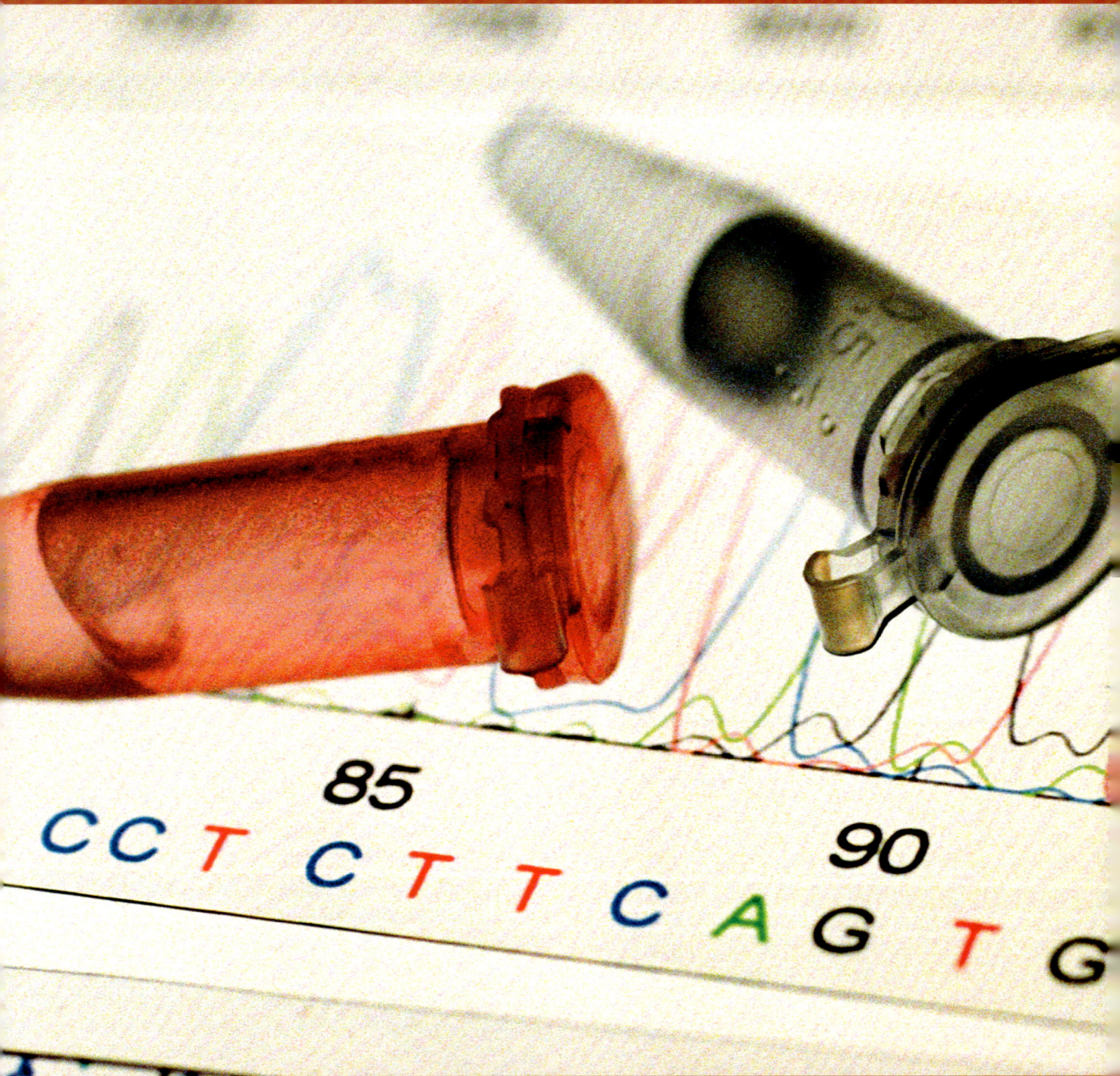

85

CC**T** C **T T** C A G **T** G

90

DNA分析已经成为诊断和预测基因遗传疾病的常见方法，它对法医程序也很有帮助。DNA序列就像指纹一样，对于每个个体而言是独一无二的。在这一章中，你将了解有关改良食品和转基因动物研究领域取得的成就，遗传

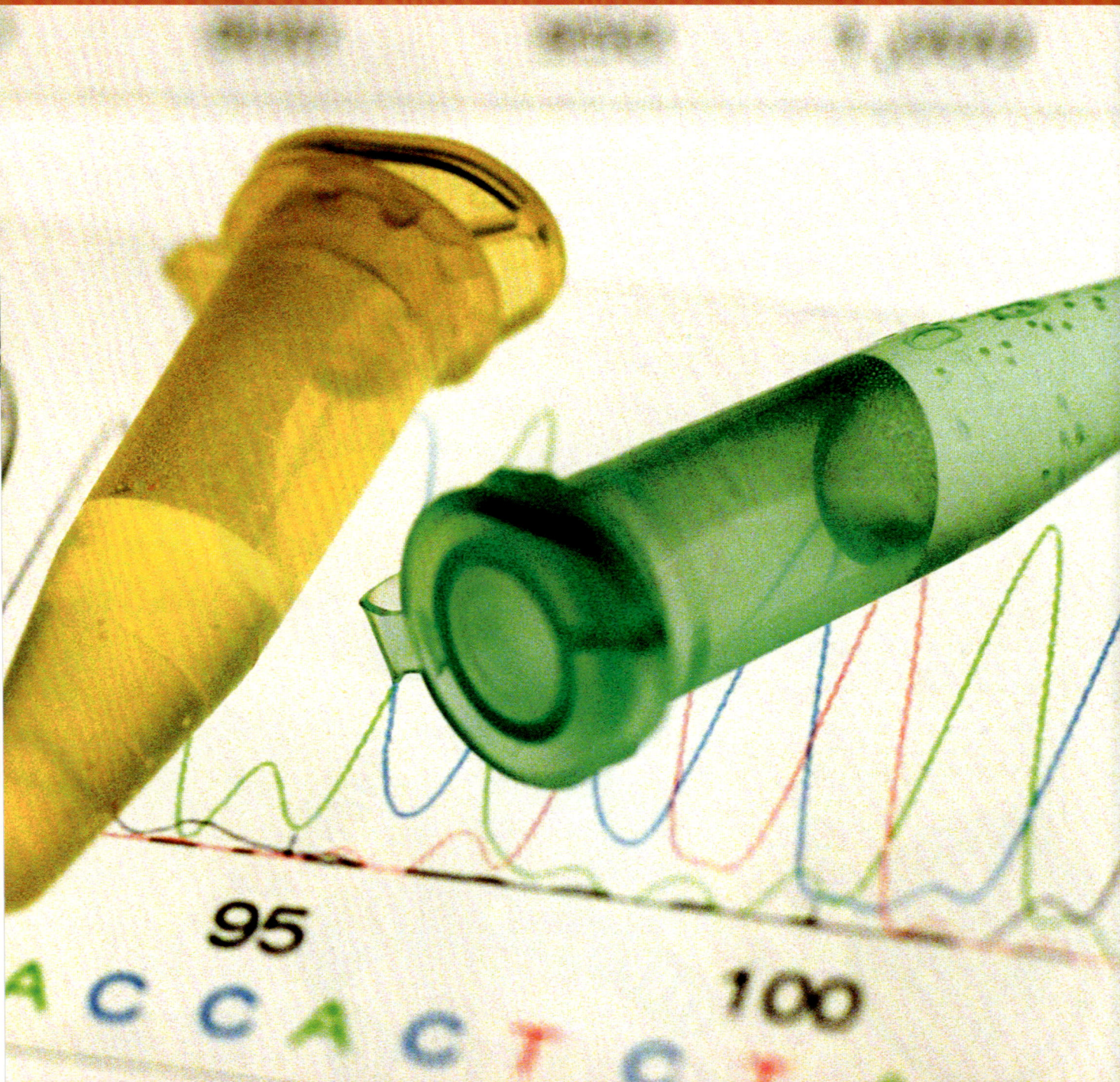

95

100

ACCACTC

医学的最新进展以及干细胞应用的前景。
专家们认为，干细胞可以用于受损组织或
器官的再生。另一项用优良基因替换有缺
陷基因的技术将能够彻底治愈一些疾病。●

DNA标记

过去，农业生产上用于繁殖后代的个体植株的选择，主要根据可见的特性或标记进行，如水果的形状和颜色等。遗传学的研究显示这些特性均来自基因表达。基因也可以由重复的碱基组进行跟踪，它们被称为DNA标记。这些标记在植物生长的早期阶段，对于查看其是否具有某种性状极有帮助。●

微卫星

■ DNA拥有不同类型的分子标记，其中一些最有用的标记被称为小随体。这些标记一般由最多达10个短而重复的DNA碱基序列构成。小随体标记对于评估动植物种群具有很大帮助。例如，小随体的长度能够显示就某一性状而言，同一物种的某一植物是纯合植物还是杂合植物。DNA标记之所以如此有用，是因为它们不受环境的影响。

分子标记
一对重复碱基序列（这个例子中是鸟嘌呤[G]以及腺嘌呤[A]）。

基于孟德尔原理

对于遗传学领域的发展具有至关重要意义的孟德尔定律，是根据对可见性状进行标记而被发现的。这些性状非常有用，但也存在一定的缺陷：它们都基于受到环境影响的个体表型（外观），而且需要等待样本完全成长才能知道它们是否具备所需的性状。

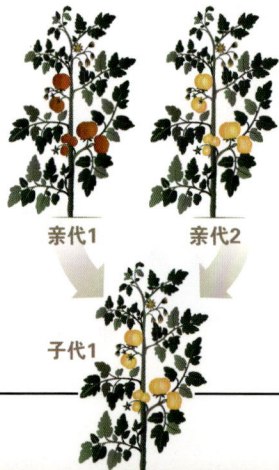

亲代1
亲代2
子代1

② 制备

限制性内切酶可以用来切断具有小随体的DNA的某些部分。在分离小随体后，通过一种被称为聚合酶链反应（PCR）的过程使其产生成百上千的复制体。这个过程的施行针对的是从进行对比的不同个体上获得的样本。例如，比较取自不同番茄植株的小随体，可以显示出个体植株的特定性状是纯合的还是杂合的，是隐性的还是显性的。

样本1
样本2
样本3

① 提取

分子标记是从由组织样本上获得的DNA中提取的。对于植物而言，即使一片小小的叶子也可以提供足够的DNA。

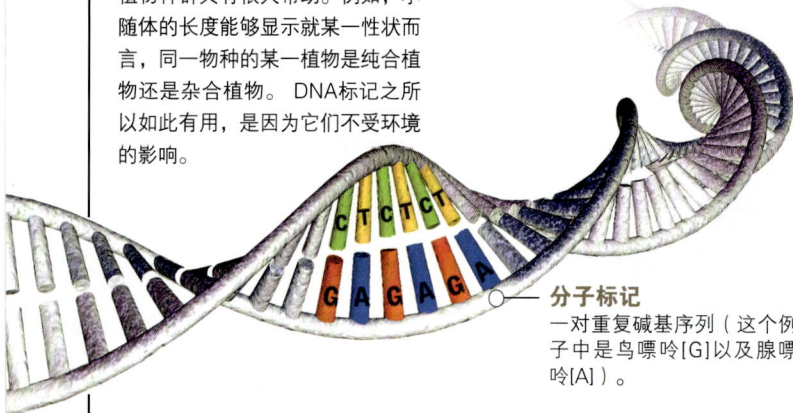

GA GA GA GA GA GA
显性纯合体的小随体

GA GA GA GA GA
纯合个体的小随体

GA GA GA GA
隐性纯合体的小随体

黄色 个大
显性等位基因得到表达。

红色 个小
这一新性状可能有益于产生一种新作物。

红色 个大
隐性等位基因获得表达。

❸ 电泳

小随体样本被放置于聚丙烯酰胺凝胶中之后，就对凝胶进行电泳，这种技术被广泛应用于分离分子。在分离小随体的过程中，微粒带有负电荷，可以通过提供电子流的方法进行。产生电场后，电流以不同的速度使小随体在凝胶中泳动。根据各小随体携带的电荷数量，其泳动会出现差异。较轻的小随体比大一些的小随体移动得更远。

聚丙烯酰胺凝胶

微管
该仪器被用来插入一个数量精准的DNA样本。

电流
正电荷吸引负电荷在凝胶中移动。

DNA样本
含有小随体和一种在紫外光下生长的物质的样本，被分散在一袋聚丙烯酰胺凝胶中。

❹ 结果

电泳完成后，可以通过使用紫外线照射凝胶的方法检查结果。每个小随体的位置显示出不同的分析样本之间的关系。在这个例子中，结果显示出了哪些样本具有等位基因，哪些则没有。

样本数量
在同一份凝胶中可以放置50多个DNA样本，用以比较。

样本1　样本2　样本3

千碱基

250

225

200

175

150

125

100

配对
这些小随体的配对情况。这证明样本2和样本3共享这一等位基因。

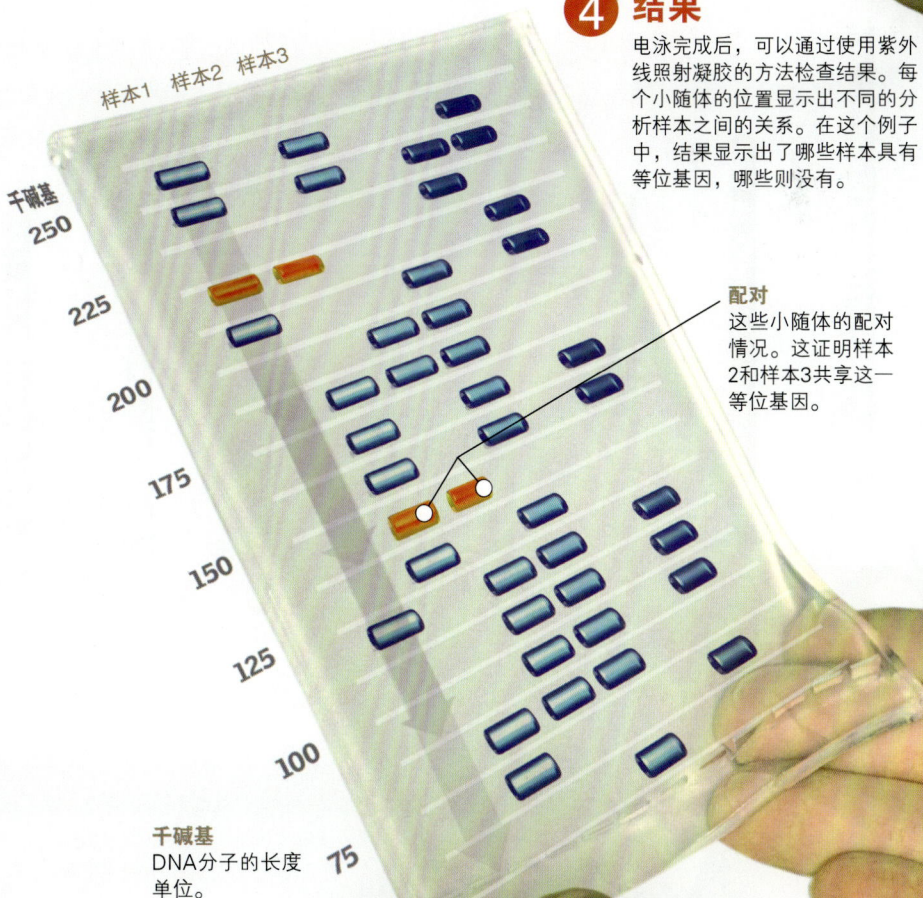

千碱基
DNA分子的长度单位。

75

多态现象

DNA片段序列在种群个体之间存在变化。例如，西红柿颜色的变化就是多态现象的结果。

基因组就在眼前！

人类基因组的破译是意义深远、成就非凡的科学成果之一。这是人类染色体DNA所容纳的遗传信息的完整集合。在不到20年的时间里，通过整合独创的基因技术与计算机的强大计算能力，让科学家们看到了所有人类基因的位置，包括那些决定眼睛颜色、毛发类型、血型，甚至一个人的性别的基因。●

人类
30 000个
基因

遗传字典

46条人类染色体以及线粒体DNA中包含了一个人所有的遗传信息。了解每个基因或基因组的位置和功能十分必要：首先，这使我们知道了一个基因或基因组的缺损是否会导致某种疾病，甚至可以通过基因疗法治愈这种疾病；同时，我们也可以更好地理解染色体中相互临近的基因之间存在的相互关系，以及这种相互关系所带来的影响；而且，研究人类基因组甚至能够揭示我们从灵长类动物进化而来的起源。

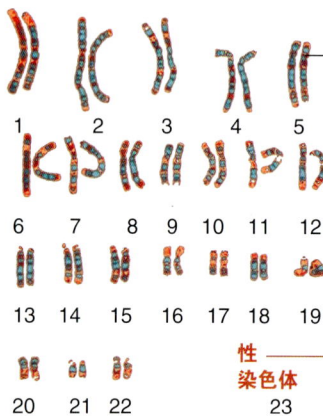

常染色体
常染色体是22对人类染色体，不包括性染色体。

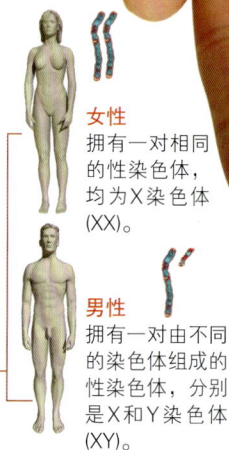

性染色体

1 2 3 4 5
6 7 8 9 10 11 12
13 14 15 16 17 18 19
20 21 22 23

女性
拥有一对相同的性染色体，均为X染色体（XX）。

男性
拥有一对由不同的染色体组成的性染色体，分别是X和Y染色体（XY）。

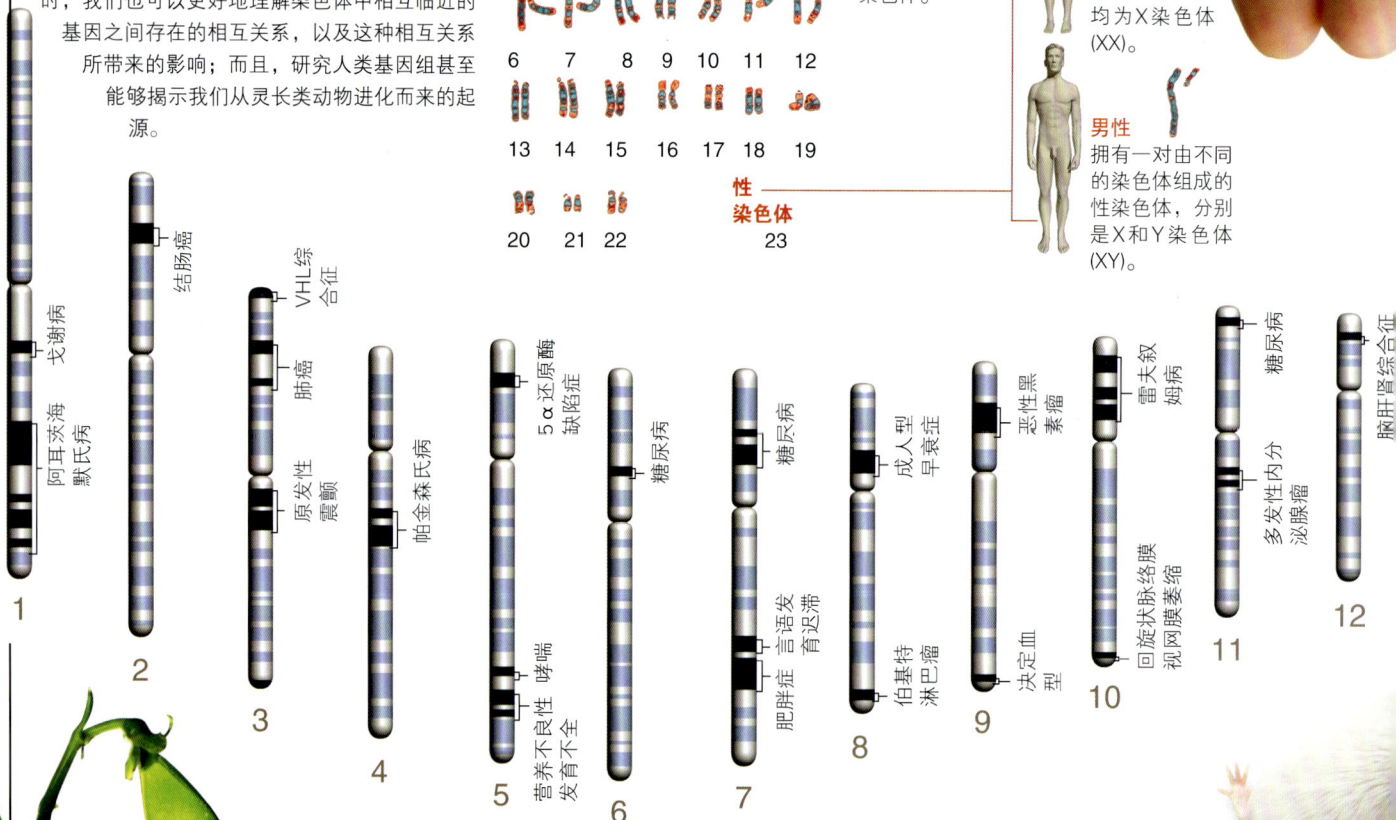

染色体疾病图示：

1 — 戈谢病、阿耳茨海默氏病
2 — 结肠癌
3 — VHL综合征、肺癌、原发性震颤
4 — 帕金森氏病
5 — 5α还原酶缺陷症、营养不良性发育不全、哮喘
6 — 糖尿病
7 — 糖尿病、肥胖症、言语发育迟滞
8 — 成人型早衰症、伯基特淋巴瘤
9 — 恶性黑素瘤、决定血型
10 — 雷夫叙姆病、回旋状脉络膜视网膜萎缩
11 — 糖尿病、多发性内分泌腺瘤
12 — 脑肝肾综合征

年份	事件
1900年	切尔马克、德弗里斯和科伦斯证实了格雷戈尔·孟德尔的理论。
1911年	摩尔根根据染色体理论对果蝇进行了多项试验。
1953年	詹姆斯·沃森和弗朗西斯·克里克提出了DNA结构模型。
1955年	发现人类具有46条染色体。
1968年	第一次对限制性内切酶进行描述。
1974年	约翰·格登首次使用体细胞的细胞核克隆出蝌蚪。

植物
25 000个
基因

蚯蚓
19 000个
基因

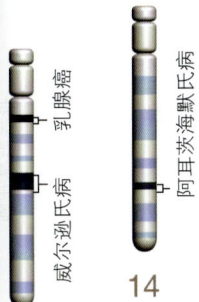

苍蝇
13 000个
基因

染色体

包含紧密缠绕折叠的DNA。由一对含有相同基因的姊妹染色单体构成。

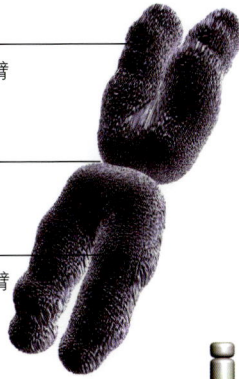

P臂
染色体的短臂

着丝点
最窄的部分

Q臂
染色体的长臂

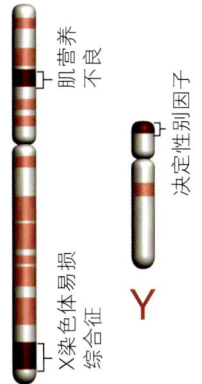

肌营养不良

决定性别因子

X染色体易损综合征

Y

先天性胸腺发育不全综合征

22

X

肌萎缩侧索硬化

21

严重联合免疫缺陷病

20

强直性肌营养不良

尼曼-匹克病

19

肿瘤抑制蛋白质

乳腺癌

18

记忆相关 地中海热

17

马凡氏综合征

16

阿耳茨海默氏病

15

威尔逊氏病

乳腺癌

14

13

含氮碱基

未知的DNA片段

1 复制

对每个碱基序列未知的DNA片段进行聚合酶链反应（PCR），制造出同一个DNA序列的成百上千个拷贝。

2 试管

高浓度的双脱氧核苷酸（如ddGTP溶液）能够制造出与标准核苷酸长度不同的DNA拷贝。其工作原理在于加入了代替标准核苷酸的双脱氧核苷酸后，DNA的复制过程中断。

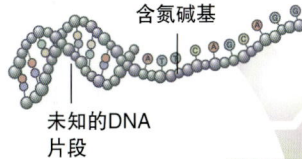

ddGTP ddATP ddTTP ddCTP

溶液

凝胶电泳

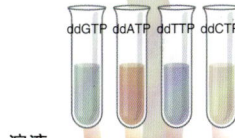

3 电泳

在凝胶中，由于DNA拷贝的长度不同，其移动的距离也存在着差异。这种移动被称为电泳。

桑格法

英国生物化学家弗雷德里克·桑格设计了一个通过确定DNA中每个含氮碱基的位置的手段来破译人类基因组的绝妙方法。他将人类DNA划分为大小不同的部分，使用聚合酶链反应技术复制出成千上万份拷贝，然后利用细胞的DNA复制机制在试管里制造出一个DNA片段的多个拷贝。在这个过程中，他通过使用有荧光标记的双脱氧核糖核苷酸(ddNTP)加入了自己的片段。这些分子在DNA复制过程中与标准核苷酸进行竞争。

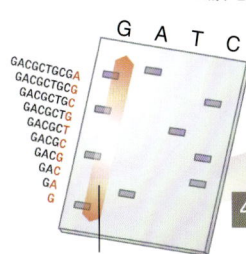

G A T C

GACGCTGCGA
GACGCTGCG
GACGCTGC
GACGCTG
GACGCT
GACGC
GACG
GAC
GA
G

通过荧光显示出DNA片段。

4 拼图

将凝胶置于紫外线前面，研究人员就可以观察碱基的配对情况，以及如何形成未知DNA片段的准确碱基序列。

在凝胶中，质量越轻的拷贝移动得越远。

1975年	1981年	1983年	1993年	1994年	1998年	2003年
F. 桑格发明出一项DNA碱基序列测定技术。	培育出最早的转基因老鼠和昆虫。	卡里·穆利斯发明了聚合酶链反应技术。	提出人类基因组项目，准备完成DNA测序工作。	培育出第一个转基因西红柿。	秀丽隐杆线虫的基因组序列测定完成。	《科学与自然》杂志发布人类基因组的完整序列。

干细胞

这个想法看上去似乎很简单：如果一个具有200多种不同类型细胞的生物是由一组未分化的胚胎细胞形成的，那么通过操控这些原始细胞（称为干细胞）的分裂就可以培养所有的人体组织，甚至以最小的风险实现自体移植。虽然这些工作正在进行中，但是得到的结果与付诸医疗现实尚相距甚远，世界各地的科学家正在研究这一领域的应用。●

胚胎细胞
这幅照片描述了一个针孔和一个在细胞分化之前仅由干细胞所形成的胚胎细胞。

细胞分裂

除了具有生殖配子的生物外，所有高等生物的细胞都通过有丝分裂的形式进行分裂和繁殖。有丝分裂是指由一个细胞分裂形成两个完全相同的细胞的过程。为此，第一个细胞在细胞核内复制遗传物质，然后慢慢分裂直至完全分开，形成两个具有相同遗传物质的细胞。一个成熟的细胞在死亡之前平均可以分裂20次，干细胞则可以无限地复制这种分裂过程。

细胞质

细胞核
细胞核含有DNA。首先复制DNA，然后进行细胞分裂。

干细胞

② 繁殖

干细胞一旦被分离出来之后，需要在体外的特殊条件下进行培养。一般使用照射过的细胞制成培养基，以免造成空间竞争。之后每七天需要将干细胞分离出来，防止其死亡，并保证干细胞的繁殖能力。

16个细胞

这是对干细胞进行培养的限制数。此一限制保证了不会生成人类胚胎。关于确切的数目仍在争议之中。

① 获取

由于干细胞是受精后形成的最早的细胞，因此在胎盘中，尤其在脐带中含量极为丰富。遗传学家在婴儿出生之后从其脐带中获取干细胞，也可以将脐带冷冻，之后再获取干细胞。

脐带
脐带中含有许多干细胞，因为它们尚未分化。

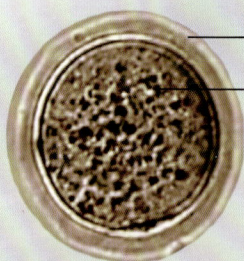

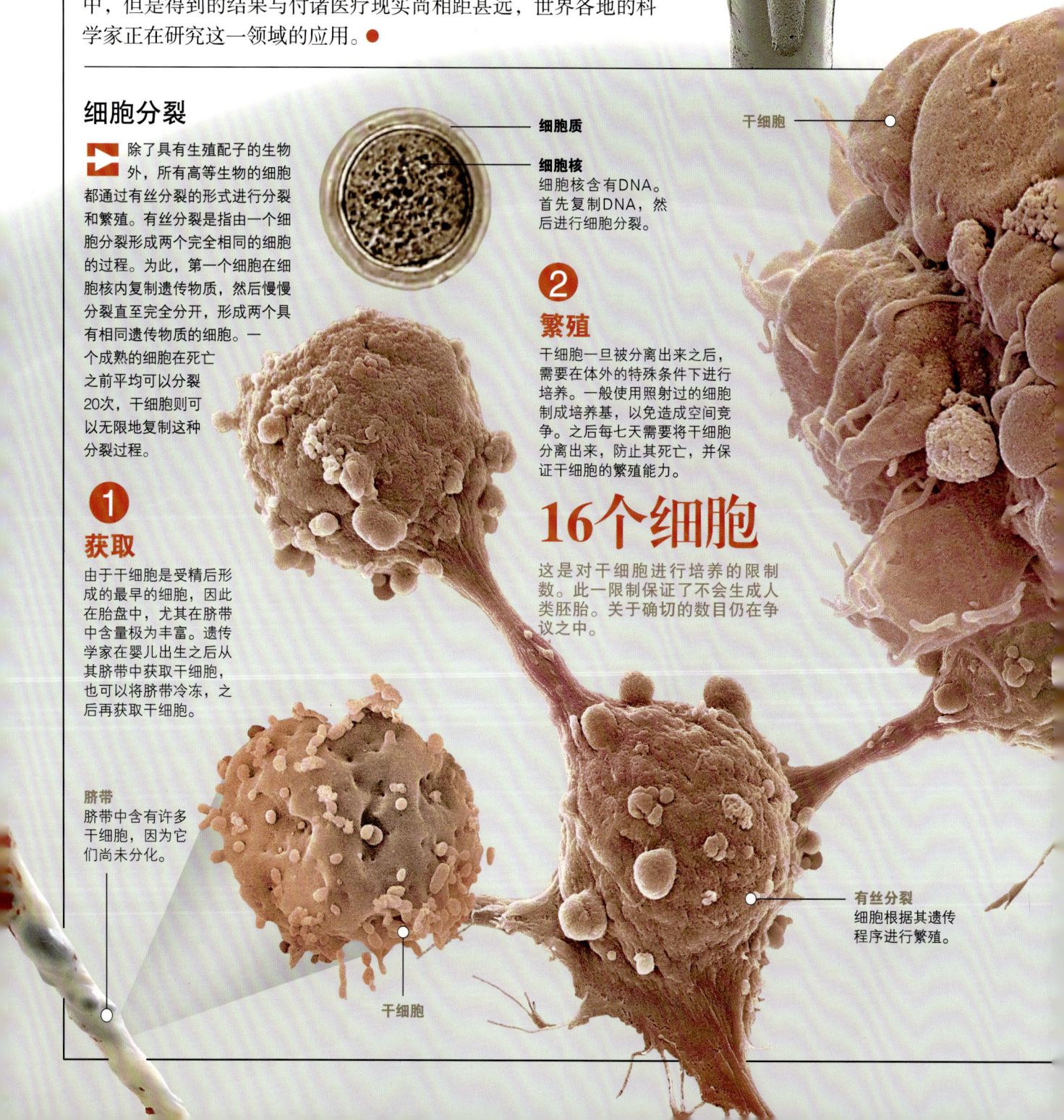

干细胞

有丝分裂
细胞根据其遗传程序进行繁殖。

活化剂
使用化学性试剂和激素活化剂来引导分化。

神经细胞
尚未在实验室里成功培育。

❸ 分化

干细胞是多功能的，也就是说它们有能力生成体内的200多个不同细胞中的任何一个。这一生成过程发生在胚胎发育时，如果条件适宜也可以在体外进行，因此在实验室中可以通过细胞遗传程序来制造体内的所有细胞。在实践中，这种技术仅适用于某些类型的细胞，特别是血细胞。

人体中存在超过
200种
不同类型的细胞。

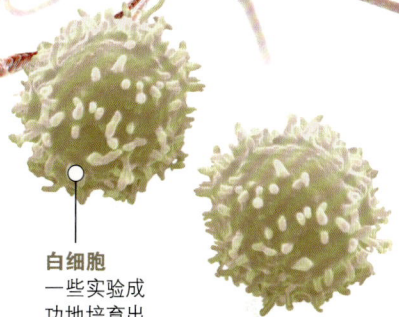

白细胞
一些实验成功地培育出了白细胞。

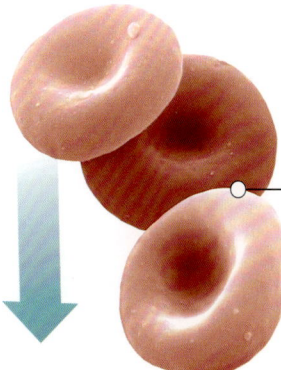

血红细胞
已经成功地在人体外培育出了红细胞。

干细胞
可以在不损失自身性能的条件下无限分裂。

最早的使用
1998年干细胞在美国首次被分离出来并得到培养。自此之后，世界上许多实验室培养了干细胞。由于对胚胎细胞的研究工作涉及伦理问题，任何试验都要有官方组织进行监管。

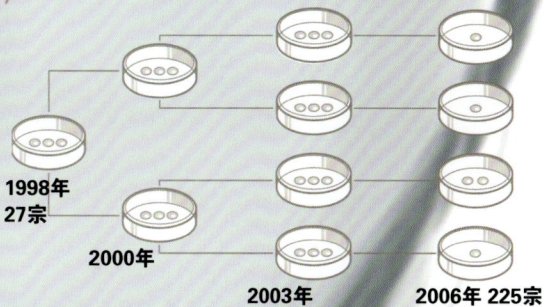

**1998年
27宗**

2000年

2003年　　**2006年 225宗**

❹ 移植

医生和遗传学家希望能够为受损组织提供新的多功能干细胞，以使其再生。到目前为止，他们已经能够将脐带造血干细胞植入红细胞合成紊乱症患者的体内。这相当于无需外科手术操作的骨髓移植。

血液
在体外进行复制后，将干细胞注入血液。

心脏
干细胞用于修复心肌梗死发作后的心脏。

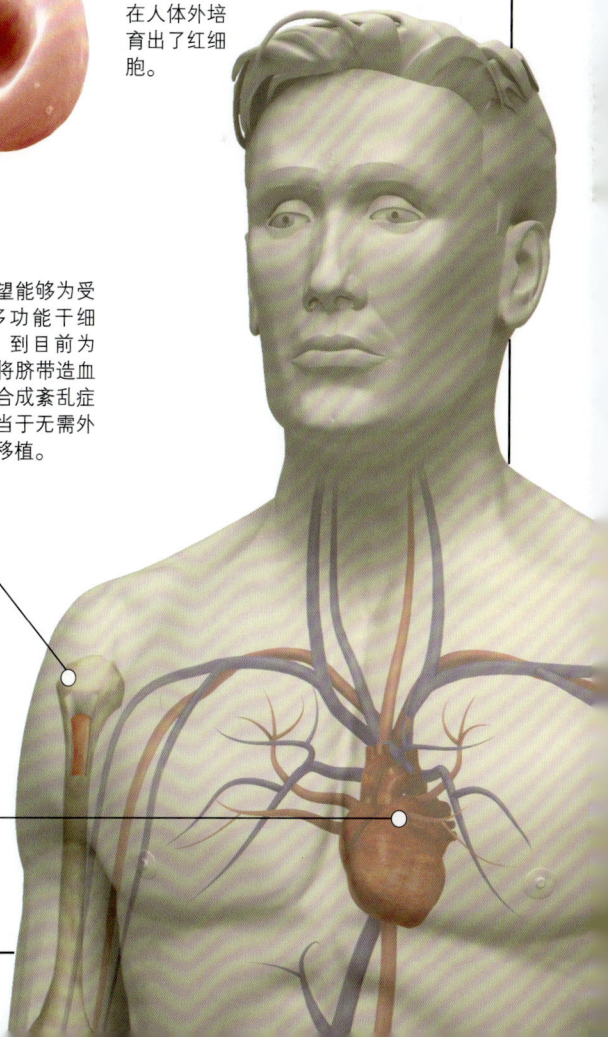

克隆牛

"克隆"一词本身就引发了诸多争议。严格来说，克隆就是利用技术通过一个生物获得另一个相同的生物。最常用的技术被称为体细胞核移植。使用这种克隆技术，我们已经培育了多莉羊以及其他克隆动物，包括这些泽西奶牛。这项技术使用供体样本的一个细胞的细胞核替换胚胎细胞的细胞核，当胚胎分裂时，将长成与供体完全一致的生物。在整个过程中，供体与克隆体之间存在着细微的差别。只有一种情况的克隆是完美的，而且是自然形成的，即单合子（同卵）双胞胎。●

1 获取细胞核

将一个具有完整DNA的成年动物分化的细胞分离出来，并将其在体外培养繁殖。同时提取出供体奶牛的多个小卵。然后将两组细胞（仅仅是成熟细胞）的细胞核取出。

提取细胞核
从成年样本的耳朵上提取纤维原细胞。

细胞核内含有
完整的DNA
（60条染色体）

没有细胞核的小卵

提取胚珠
从另一个样本的卵巢上提取卵子，将小卵的细胞核去除。

微管
用来保护卵子，防止在操作过程中胚珠移动。

2 细胞核移植

使用从成熟细胞中获得的细胞核代替卵子的细胞核。采用这种方式，新细胞核携带的染色体占据了小卵，这与卵子经过精子受精是一样的。融合后，细胞便如同受精卵一样开始分裂。

用于克隆的细胞的细胞核
细胞核被植入卵子中。

没有细胞核的小卵
只保留细胞质以及线粒体等细胞器。

成 本

这项技术目前仍然不很成熟。以泽西奶牛为例，共移植了934个小卵，其中166个与新细胞核融合，但只有1个成功发育。

用途多样
克隆技术可以应用于获取新的生物和组织，并可以用于复制DNA片段。

微管
用于将细胞核植入卵子。

16个细胞

④ **培养**
新的细胞在体外培养繁殖，直至形成一个胚泡（细胞组，其细胞功能尚未分化，是一个胚胎前体），在含有激素和5%氧的模拟牛子宫内环境的培养基中，胚泡得到发育。一个星期后，发育的规模已经足够大，可将其植入奶牛的子宫内。

8个细胞

2个细胞

③ **融合**
通过轻微的放电作用，获赠的细胞核与小卵的细胞质开始融合。三个小时后，向细胞内添加钙以模拟受精。细胞核与细胞质开始相互交换，细胞开始分裂。

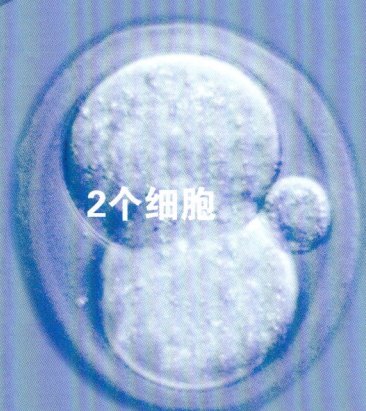

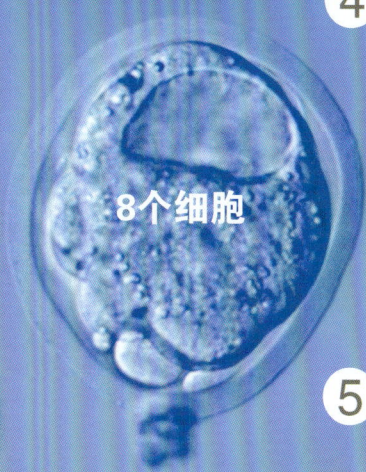

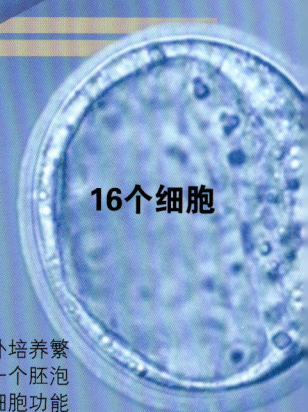

⑤ **受精**
在母牛停止发情的第六天，将胚泡植入供体母牛的子宫，保证胚泡能够以自然的方式继续发育。如果一切按设想的计划进行，胚泡应附着在子宫壁上。

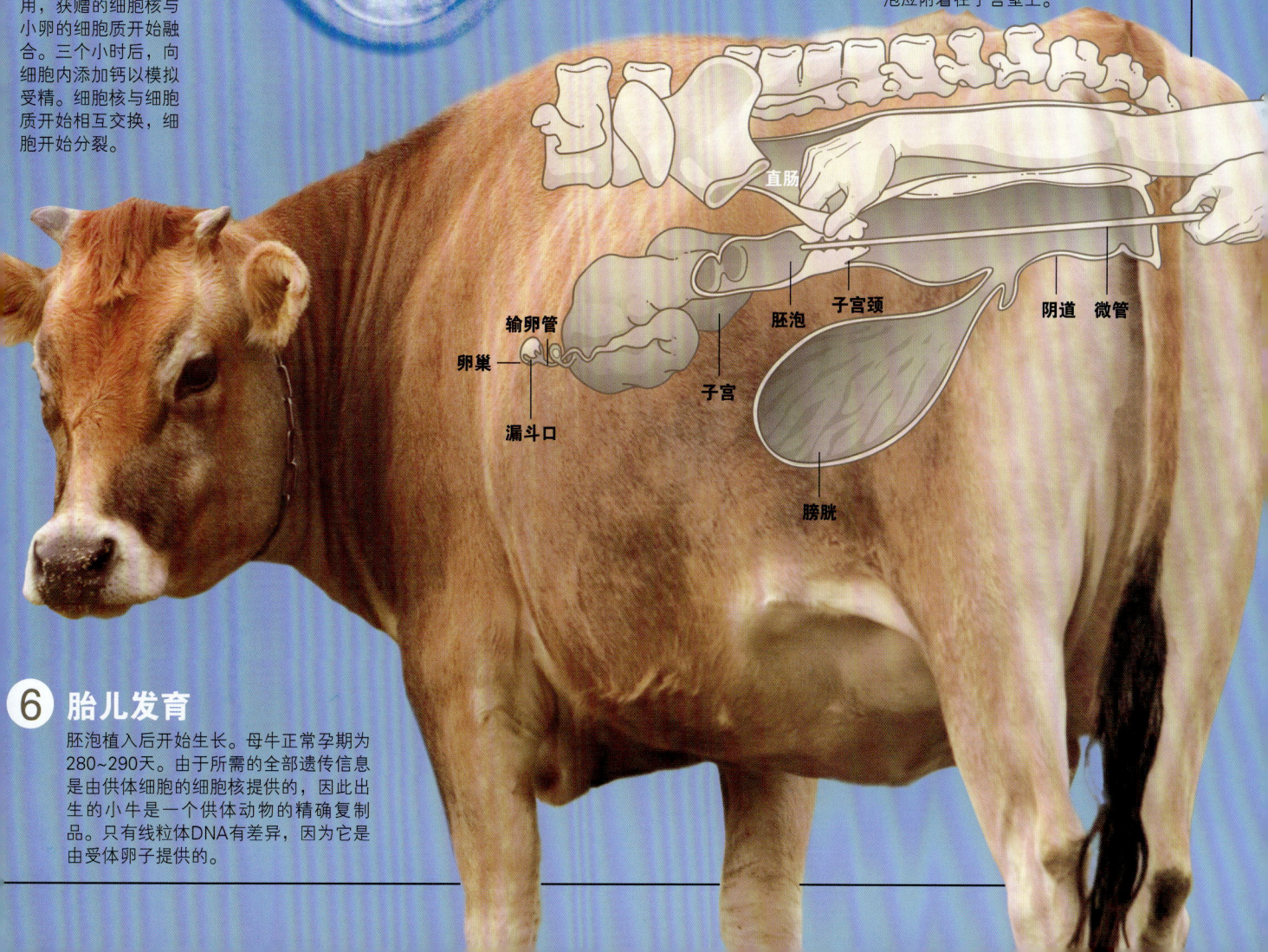

直肠
胚泡 子宫颈
阴道 微管
输卵管
卵巢
子宫
漏斗口
膀胱

⑥ **胎儿发育**
胚泡植入后开始生长。母牛正常孕期为280~290天。由于所需的全部遗传信息是由供体细胞的细胞核提供的，因此出生的小牛是一个供体动物的精确复制品。只有线粒体DNA有差异，因为它是由受体卵子提供的。

生物芯片应用

使用含有生物材料的微小平面基板（芯片）设备通常被称为生物芯片，用于获取遗传信息。它是一个微型集成设备，拥有由数以万计的已知序列的遗传物质组成的探针。当探测器接触生物样品（如从病人身上取得的或通过实验取得的）时，只有与芯片互补的核苷酸链能够产生种间杂交。这一过程会产生一种特殊的模式光，可以通过扫描仪读取并由电脑对结果进行分析。●

② 样本
微量注射器将取自生物体不同序列的基因样本注入生物芯片上每一个细孔中。

外形微小
生物芯片与邮票大小相当，被包裹在一个玻璃结构中。

外壳
细胞微阵列模板。

4.5毫米

6.4毫米

光降解膜
相当于一个媒介层。

玻璃基
经过某些活性基团的化学处理，以便保证寡核苷酸得以植入。

① 方法
生物芯片具有一个模板，也可以说是一个模型，被称为基因微矩阵。它使我们能够将从人体取得的某一组织样本的DNA与致病基因相比对。以某种特殊的癌症为例，研究人员想找出哪些基因与病症相关。

正常
正常细胞的cDNA（互补DNA）使用绿色荧光作标记。

正常组织细胞

癌组织细胞

混合
将绿色和红色标记试管内的物质在同一个试管中进行混合。

癌症
癌细胞的cDNA使用红色荧光作标记。

电脑
将模板置入一个特殊的电脑装置，微量注射器将填注生物芯片上的96个小口，即小点。

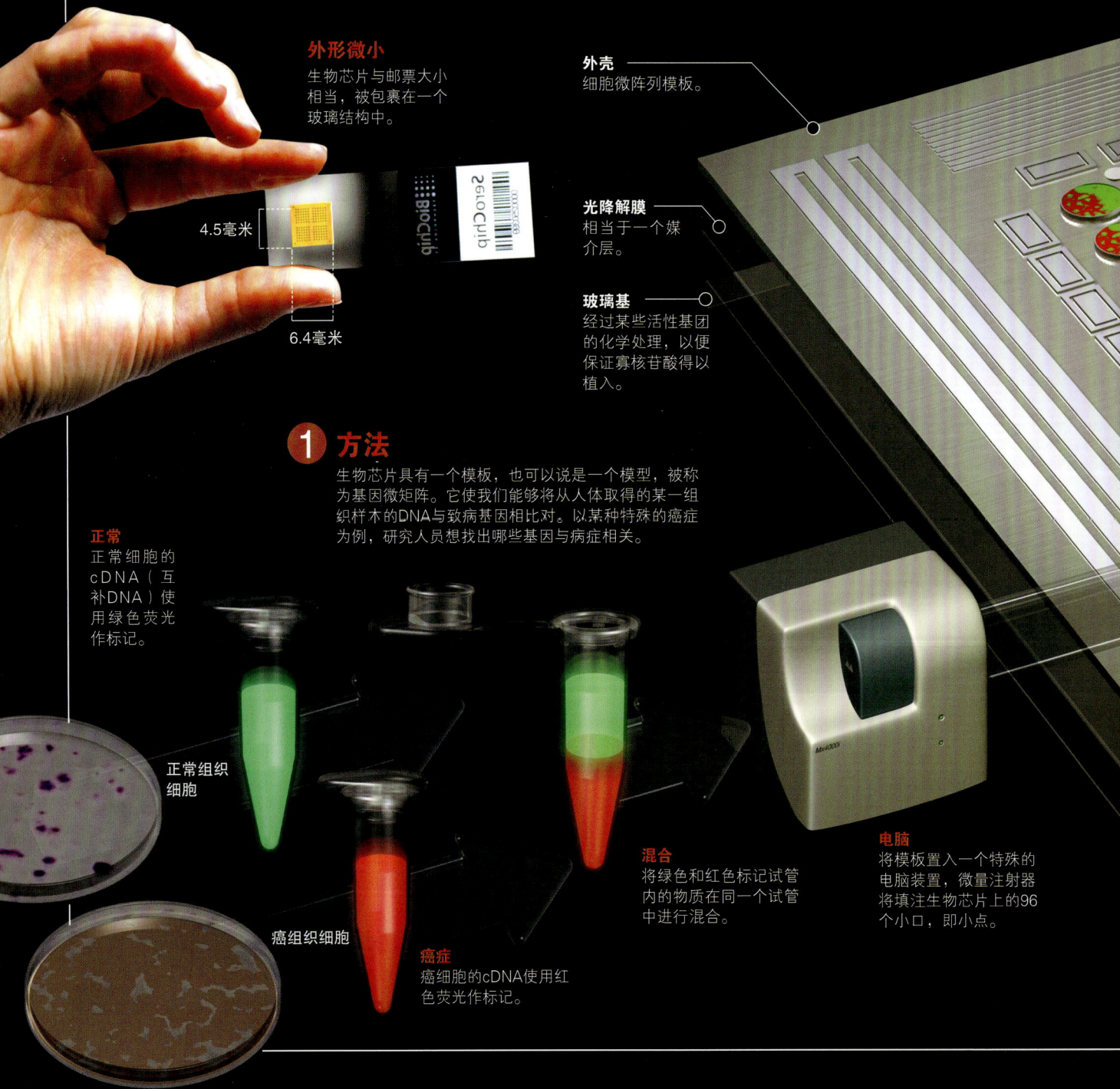

③ 微量注射

通过微量注射器，每个小点都含有两种cDNA荧光标记物（来自癌组织和正常组织的混合物）。

彩色滤光片

④ 如何运作

当标记混合物注射完成后，需要检测哪种混合物留在哪个小点上。为此，需使用一个具有绿光和红光的激光扫描仪确定荧光目标的阵列。显微镜和摄像头同时工作，绘制出图形，之后这些信息将被储存在电脑中。

光线

小点里充满由两种荧光标记的cDNA。

黄色
表示这一点上的基因正常状态和癌症状态并存。

红色
这一点上的基因表现出癌症状态。

绿色
表示这一点上的基因为正常状态。

⑤ 结果

被标记芯片上的所有小点内都具有微小的DNA序列，用于与样本序列进行比对。荧光信号能够显示芯片上的哪些DNA序列与样本序列互补，并可以使用电脑进行检测。一般使用一种特殊的程序计算图形中的红色和绿色荧光信号的比例。

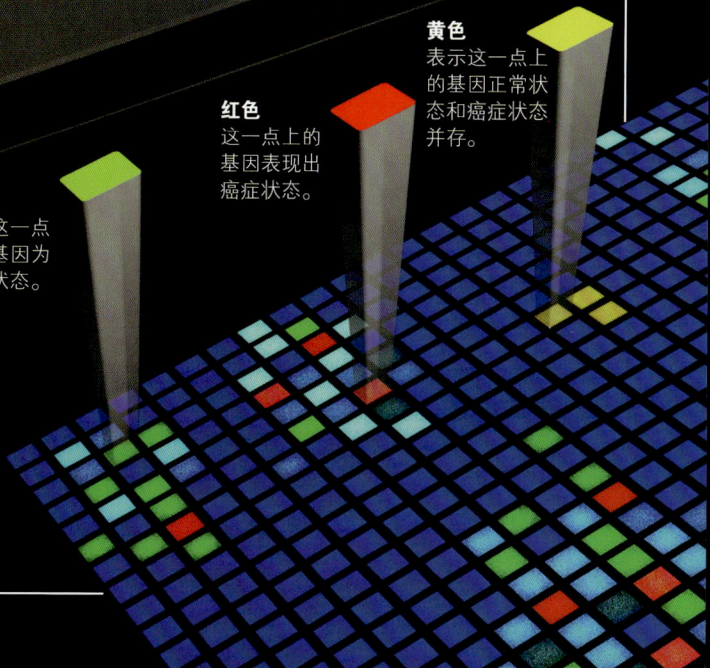

基因疗法

作为医学研究的最新突破之一，基因疗法用于引入遗传物质，修正一个或多个引发疾病的有缺陷基因的缺陷。目前针对不同患者，已经开发出了多种不同的基因治疗技术，但这些技术几乎全部还处于研究阶段。治疗由基因导致的疾病要求必须修改受影响的器官的细胞。为了使治疗作用能够抵达这些细胞，或其中的绝大部分，要求认真制订治疗方案，或者利用诸如病毒等本来会导致其他疾病的自然界的生物武器。●

疱疹病毒
疱疹病毒是一种二十面体病毒，需要对其进行DNA序列修改以使其不会引起疾病。它被广泛应用于基因疗法。

能够治疗的疾病

▶ 由基因问题导致的疾病很难治疗，因为生物体的基因编码不良，因此在其所有的细胞内都存在着缺陷。囊肿性纤维化和杜氏肌营养不良症是两种有可能使用基因疗法治疗的单基因疾病。癌症和艾滋病毒感染以及其他疾病也在尝试使用基因疗法。也许将来可以找到许多遗传疾病的最终治愈手段，但是基因疗法的技术目前仍处于开发阶段。

3 **替换**
将经过修改的腺病毒注射入细胞培养试剂中，产生病毒感染。然后它将进入细胞并在细胞质内繁殖，同时在受感染细胞的细胞核内复制其DNA以及盒内携带的修改信息，并转录新信息。

腺病毒
其基因构造已经经过修改，可以携带将要进行引入的基因序列。

核膜孔

DNA
带有修复目标基因的序列。

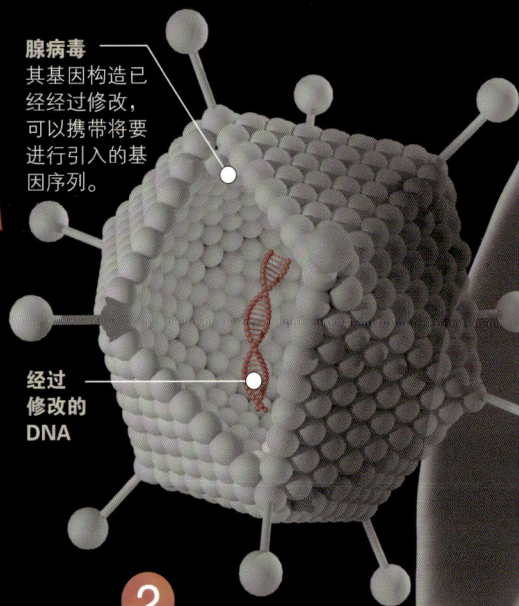

经过修改的DNA

1 **鉴定**
确认需要治疗的导致缺陷的基因所对应的DNA序列。然后将修正序列分离出来并大量复制，保证足够用于修复生物体的疾病。因为单基因疾病通常会影响一个器官的功能，故有待修改的目标细胞群较大。然后选择一种技术对这些细胞进行基因转染。

2 **载体**
二十面体的腺病毒是一种包含双链DNA且没有外包膜的病毒，它是许多轻微呼吸道疾病的主要诱因。如果能够将其修改为非致病性病毒，那么它将可以被用于将修改后的DNA序列运送至某一区域，我们将其称为"盒"。尽管它的容量有限，但是效率却非常高。

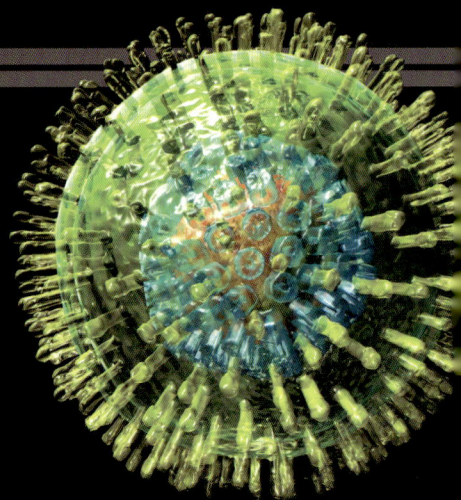

细胞的细胞核

DNA 转录
1 受损基因被修复
2 增加健康基因

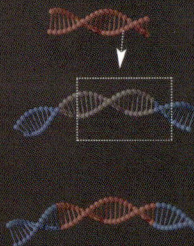

受感染的细胞

4

合成

具有新遗传信息的被感染的培养细胞，现在可以与之前由于功能障碍而无法合成的化合物合成。一般来说，由于形成这些化合物的基因不完整或已受损，因此这些蛋白质无法合成。然而，一旦细胞开始分裂并转录基因后，合成过程立即开始。此前无法合成的蛋白质现在得到转录和生产。

新的健康细胞

经过修改的DNA

关　系

至关重要的是，需要修改的细胞数量以及治疗工作所需的病毒数量之间的关系应准确无误。

蛋白质
由于基因缺陷导致的蛋白质缺失以及无法合成蛋白质的情况可能引起严重后果。

新的健康细胞

经过修改的DNA

千碱基

DNA和RNA的长度单位。病毒盒的容量平均大约为5千碱基。

非病毒基因疗法

很多非病毒基因疗法都是基于电技术等物理手段，其优势在于可以在体外生产材料，这可以获得较强的转移能力，而不再受病毒转染碱基数量能力的限制。但这类技术的问题在于无法有效地到达生物体目标细胞内。这种疗法最主要的类型就是显微注射、磷酸钙沉淀以及电脉冲穿入法（用电场增加渗透细胞膜的能力）。

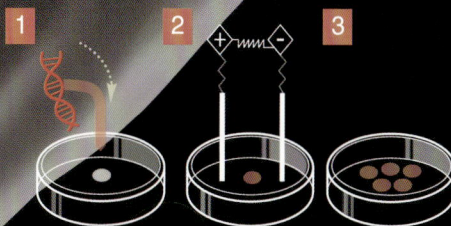

1　**2**　**3**

棉签
用于获取唾液样本，然后将棉签浸入一种溶液后提取DNA。

DNA痕迹

自从亚历克·杰弗里斯爵士提出了利用DNA图谱来识别人的概念以来，这种法医技术的意义正变得越来越重大。利用这种技术可以建立几乎明确无误的基因痕迹，可用于将从某一犯罪现场发现的证据（毛发、精液、血液样本）与嫌疑犯的进行比对。此外，这一技术还是亲子鉴定的关键因素。●

❶ 收集样本

任何体液（如尿液、血液、精液、汗液以及唾液）或者断片（如组织、细胞或毛发）均可进行分析进而获得一个人的DNA信息。一般而言，犯罪现场总会留下某些东西可以用作证据样本。

每样证据都分别装入密封的塑料袋内，并确保不会被造假。

分析样本仅需要极少量的证据，比如一小滴血液或精液的残余就完全足够了。

改变DNA的因素

潮湿或水分可以使证据样本很快变质。

热量是最具毁灭性的因素之一。

❷ DNA分离

毛囊
携带DNA的毛囊很容易获得。

镊子
必须经过严格灭菌。

1 毛发消解
将毛发分为几段，然后将其放入一个试管中，倒入溶剂。

微管
仅抽取表面上的漂浮物。那里就是DNA所在。

贴标签
这是绝对必要的流程，这样证据样本就不会相互混淆。

2 离心
需将悬浮的DNA进行离心处理，使其与细胞中的其他物质相分离。

表面漂浮物和微粒

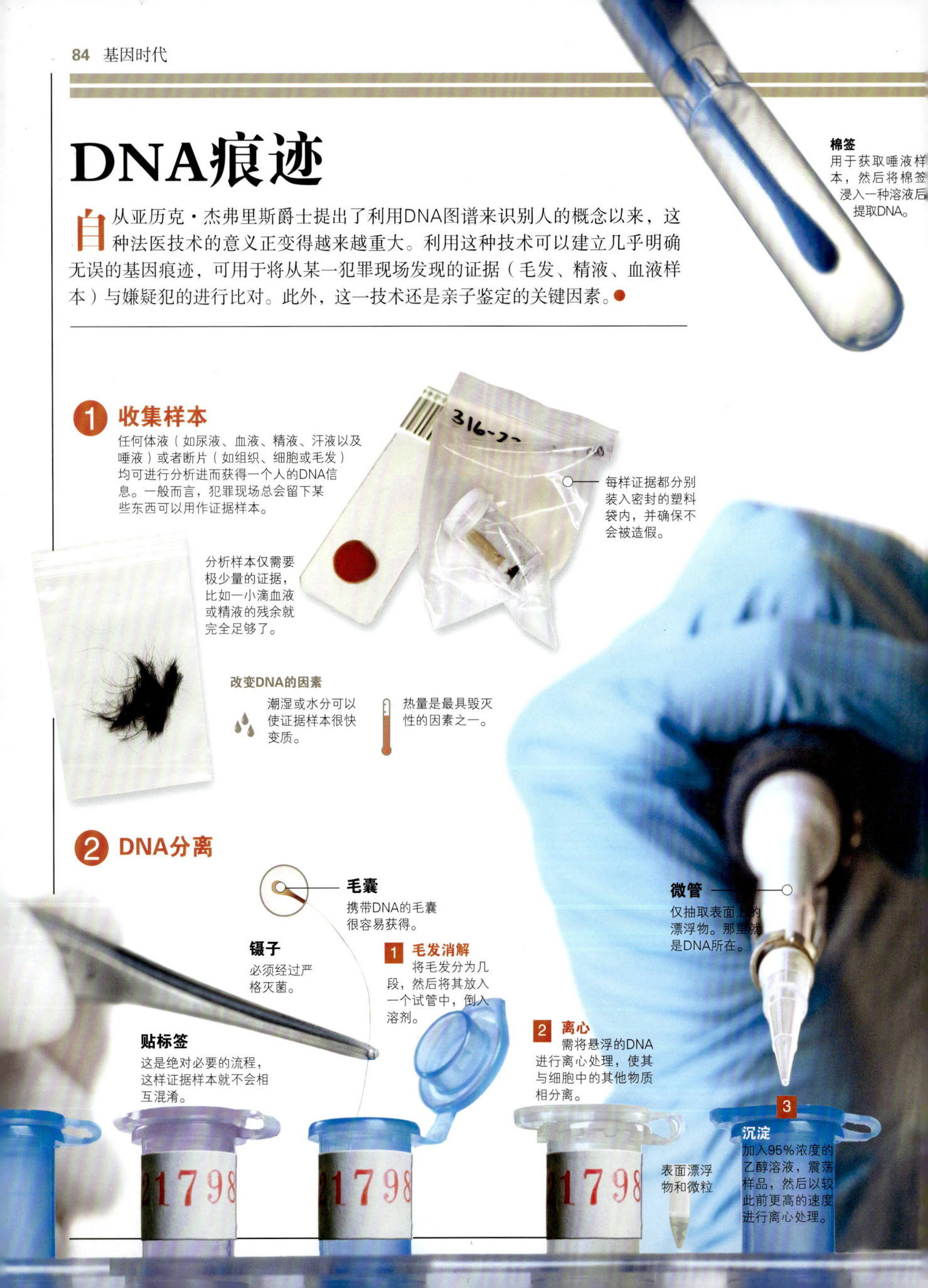

3 沉淀
加入95%浓度的乙醇溶液，震荡样品，然后以较此前更高的速度进行离心处理。

③ DNA增益

聚合酶链反应（PCR）是通过一台设备使用热力、合成短核苷酸序列以及酶完成的，根据所需尽可能多次地复制DNA片段。这种增益使人们有可能在保存DNA的同时进行大量试验。随后，使用毛细管电泳分离的方法分离出DNA片段。

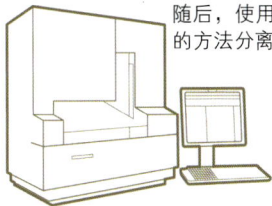

DNA在监测器上以曲线形式显示。

DNA–证据曲线图

数字表示在DNA序列中的位置。

胞嘧啶　　鸟嘌呤
胸腺嘧啶　腺嘌呤

④ 印记与比对

设备将结果以曲线形式表现出来，每一个碱基都具有特定的位置，对应图中序列曲线的不同高度。然后比对从犯罪现场取得的样本与多名犯罪嫌疑人的样本，如果其中一个嫌疑人确实出现在犯罪现场，那么曲线在至少13个已知位置会完全吻合。

犯罪嫌疑人A的DNA曲线图

○ 基因图示的吻合之处

13个位置

在美国，被指控犯罪的嫌疑犯的DNA曲线图重合点至少应达到13个。

犯罪嫌疑人B的DNA曲线图

一次性材料

所有材料必须一次性使用，以免污染DNA。

④ 表面漂浮物

加入70%浓度的乙醇溶液，用水对混合物进行冲洗。去杂质后的DNA可用于分析。

剩余物中的DNA和微粒。

排除率

▶ 总体而言，DNA测试结果要被认为是有效的犯罪证据，至少在理论上，它的排除率准确性应该能够达到99.9999999%以上。虽然排除率是以百分数来衡量的，但是它表示的是排除犯罪现场遗留DNA可能携带者的人数。因此，应在人群中随机抽样取证，与证据中的DNA和嫌疑犯的DNA进行比对。分析的细节必须非常精确，至少在理论上，它可以将1个人从10亿人之中辨别出来。在实践中，如果能够在统计意义上将1个人从10亿人之中辨别出来，那么测试即视为有效。所有这一切都是为了保证测试的结果，使其能够在法庭上具有效力。实际上，嫌疑人并不是随机选择的，他还要符合其他的证据图式，其中DNA是用于确认这些图式的。

1/1 000 000 000
是统计学上的保障。

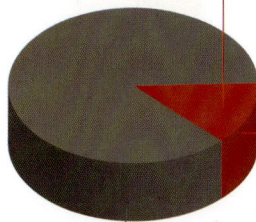

6 500 000 000
世界人口

排除率可达

亲子关系DNA检测	1:1亿
法医DNA检测	1:10亿

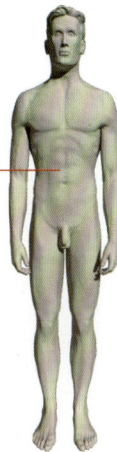

改良食品

基因改良食品一直存在，葡萄酒就是一个例子，它是通过葡萄发酵而得到的改造食品。然而，以DNA解码为基础的现代生物技术使得这些改造过程变得可以预测且可以控制。这种改造过程改善了植株的某些特性，使其更耐虫害，并提高了它们的营养价值，其目的在于生产出更优质的农产品和更富有营养特性的食物。●

更多益处

▶ 基因改良植物的发展，使人们可以生产出具有更丰富的维生素、矿物质和蛋白质，而脂肪含量更少的食品。基因技术的发展也能够延缓水果和蔬菜的成熟时间，或在其他情况下，使其更能抵抗特定的害虫，从而减少对作物使用杀虫剂的需要。一些作物通过基因改良，还能产出更小而强壮的植株，同时增加其产出，因为这样的植株能够向其可食用的部分投放更多的能量。

海洋草莓

有人使用鲽鱼的基因改造草莓，完成了一项使草莓更耐霜冻的研究。这一简单的方法大大提高了作物产量。

1 复制鲽鱼的抗冻基因，将其与细菌中提取的质粒拼接。

细菌DNA

抗冻基因

2 将从细菌中提取的携带鲽鱼基因的质粒注射进第二个细菌。

第二个细菌

3 草莓细胞培养基感染了抗冻基因。随后抗冻基因融入草莓DNA，实现了植物转基因。

草莓细胞

抗冻基因

4 这种新的转基因草莓可以随意地多次繁殖。

细菌

重组的质粒

接合质粒
质粒与DNA微粒混合，形成接合性质粒。

电脉冲
添加细菌后，快速电脉冲使携带转基因的质粒进入细菌。

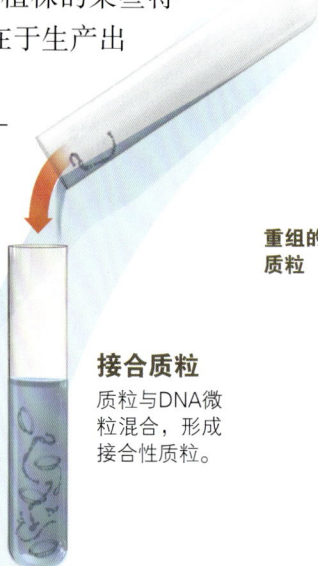

限制性内切酶
向在试管中进行克隆的DNA添加这种酶，将其分割或分成基因大小的小块。在另一个试管中加入使用同一种酶提取的细菌质粒。由这些作物的胚胎中获得转基因植物，可以培育出胚乳中含有更多维生素A的转基因水稻。

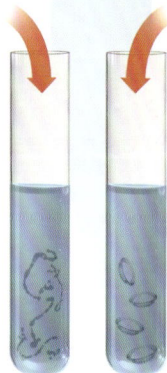

1 克隆所需的基因
所有的DNA都从苏云金芽孢杆菌中提取而来，以便找到并复制这种与该特性相关的基因。

苏云金芽孢**杆菌**

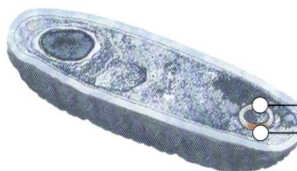

DNA
所需的基因

BT玉米
经过基因改造，可以耐西部玉米根虫，这种害虫以植物的根部为食。BT玉米能够生产Bt毒素，这种毒素是由土壤中的细菌自然产生的。当西部玉米根虫的幼虫试图食用BT玉米根部，或成虫试图食用BT玉米叶子的时候就会被杀死。

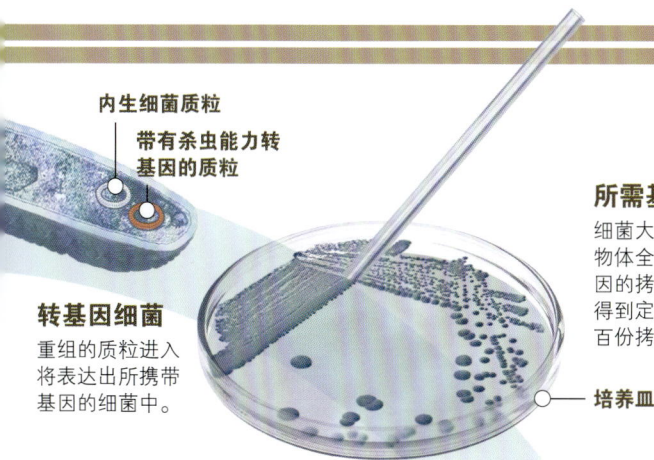

内生细菌质粒

带有杀虫能力转基因的质粒

转基因细菌
重组的质粒进入将表达出所携带基因的细菌中。

所需基因
细菌大量繁殖，获得生物体全部的数以千计基因的拷贝。所需的基因得到定位，并制造出数百份拷贝。

——**培养皿**

标签

转基因食品有自己特有的标签，这是大多数国家法律规定的。在超市购买水果、蔬菜或谷物时，我们必须仔细看看标签。如果是涉及玉米或水稻的产品，仅有9%为转基因产品，在成分介绍中应对此有详细说明。

Genfood

② 改良基因设计

基因由编码序列（所需基因）以及常规序列构成，可以通过修改基因使其以我们希望的形式表达出来。选定的基因将赋予作物某种优点，例如抗除草剂。

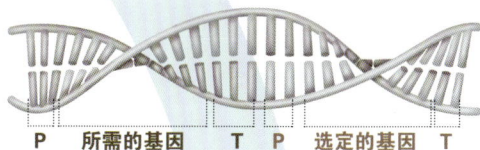

P　所需的基因　T P　选定的基因　T

③ 改造

将修改过的基因插入玉米细胞的细胞核内，使其能够被某些染色体吸收。为此，一般会使用基因枪或基因炮。

黄金粒子

数以千计的新基因覆盖或附着在几百个黄金粒子上。

黄金粒子被射入细胞样本。

玉米细胞培养液

如果粒子进入细胞核，基因便会溶解，并被染色体DNA吸纳。

染色体

细胞核

黄金大米

黄金大米是第一种为了能够向维生素缺乏症患者提供更多的维生素A而对其基因进行改造培育出的产品。黄金大米的胚芽中含有β胡萝卜素和其他胡萝卜素，它们是维生素A的前身。

1 使用的基因是按黄水仙中的八氢番茄红素合酶和番茄红素合酶，以及噬夏孢欧文氏菌中胡萝卜素脱氢酶编码的基因。

黄水仙

2 将这些基因的DNA双链注入质粒，之后将质粒介导进入根癌农杆菌内。

噬夏孢欧文氏菌

质粒

农杆菌

3 将农杆菌注入未成熟的水稻作物胚芽中。

④ 培养

转基因玉米细胞分布在含有必需的营养物质的作物介质中。它们经过繁殖，由经过改造的细胞成长为完整的植株，之后这些成熟的转基因植物将被移植至农田。这种转基因玉米及其后代将保持抗西部玉米根虫的特性。

4 由这些作物胚胎生成转基因植物，随后长出的转基因谷粒胚乳中富含维生素A。

胚乳
维生素A集中在这里。

制药农场

转基因动物是指通过基因工程引入外源基因后，该外源基因进入动物的基因组并代代相传的动物。这一领域中最早的成就是通过细胞培养实现的，第一种带有外源基因的"完整"动物是只老鼠。其他哺乳动物，如兔子、猪、牛、绵羊、山羊和猴子，也正在接受基因改造，用于医疗或动物生产。●

治疗血友病的猪

弗吉尼亚理工大学制药工程研究所的科学家们将人类的凝血第八因子蛋白基因注入某些转基因猪的身上。这种蛋白质作为凝血剂对于A型血友病患者的治疗具有至关重要的作用。

人类第八因子基因   第八因子基因

1 第八因子
得到确认后，基因得到复制。之后采取一种方法使这种基因仅在猪的乳腺中得到表达，这样猪产出的奶中便可生产这种因子。

成本低廉

目前注入血友病患者体内的第八因子和第九因子蛋白质来自人类血浆，其费用极其昂贵。而在未来，注射这种从转基因牲畜产的奶中提纯的蛋白质，每次注射只需1美元。

2 动物转基因
是通过直接将人类第八因子基因注射进入受精卵中实现的，这样基因序列得以进入基因组中。

3 植入
将受精卵植入激素水平适合的受体母猪子宫内。

4 出生
一旦转基因母猪出生，必须确认它们的细胞中至少拥有一个转基因拷贝。

5 含有第八因子的奶
转基因母猪成年时就会产出含有第八因子的奶，这些奶可用于治疗血友病患者。

转基因猪
弗吉尼亚理工大学制药工程研究所的研究人员抱着3只小猪样本。

低变应原猫
由于过敏症而不能实现将猫作为宠物的愿望的爱猫人士，如今获得了希望的曙光。一家美国公司曾计划通过基因工程生产出能够使人的过敏反应降低的唾液蛋白猫，但是后来他们使用了选择性育种的方法。

能制造强韧丝线的蜘蛛
一种经过基因重组的蜘蛛丝被称为生物钢，是通过被植入通常被俗称为金丝蛛（棒络新妇蛛）基因的山羊奶中生产出来的。据报道，这种产品类似于天然蜘蛛丝，其强度是钢的5倍，却比钢轻，质地柔滑，并可生物降解。

⑥ 第八因子
从奶中提取出第八因子。蛋白质提纯后将获得所需的药物产品。

荧光鼠
日本大阪大学微生物疾病研究所获得了维多利亚多管发光水母的FGP（绿色荧光蛋白）基因。将这种基因介导至母鼠的受精卵中，生出的小鼠在紫外线下皮肤能够泛出荧光。其另一种应用是标记癌细胞，用以观察癌细胞在体内的运动情况。

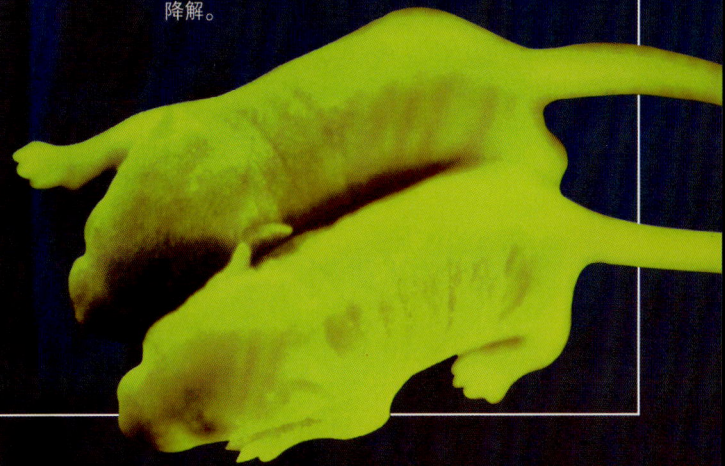

遗传祖先

自从达尔文发表了关于物种进化的理论以来，人类一直根据众多的想法和理论努力探究，想要理解自身的起源。随着人类基因组图谱绘制尝试的成功，一些旧有的证据得到了证实。许多科学团队使用来自世界各地的约10万份DNA样本，将人类的扩张进程追溯至一个共同祖先——"线粒体夏娃"，她在大约15万年前生活在撒哈拉以南的非洲地区。她并不是那个时代唯一的女性人类，但是她被认为是今天所有女性共同的遗传祖先。追溯的关键在于DNA突变。●

遗传物质

每当一个生物体孕育之时，它的遗传物质是接受自其父母的等量遗传物质的融合。由于组合的数量过于庞大，要恢复在历史上出现过的这种物质是不可能的，因此科学家利用细胞中的线粒体DNA和染色体DNA进行研究。这样，沿着男女单一路径追溯，组合的可能性降低至一组可以追溯历史的遗传路线。只有在知道细胞DNA以及基因和重组区域不同位置的情况下，才能够使用这种方法。

卵子
卵细胞是单倍体细胞，在受精时提供了细胞器以及另一半染色体。在这些细胞器中，线粒体对于遗传研究而言是最为重要的。

精子
当一个精子使卵子受精时，其尾巴断开，除了细胞核之外所有细胞物质都将脱离精子，而细胞核内包含着新个体所需的一半遗传信息。

线粒体
是通过呼吸提供能量的细胞器。它们含有一部分DNA。

单倍型
（单倍体基因型）
同一染色体上关联密切的等位基因的组合。

重组区域

非重组区域

重组区域

重组区域

Y染色体
婴儿的性别是由成功地使卵子受精的精子细胞决定的。具体地说，男性的性别是由Y染色体决定的，从父亲遗传至儿子。追溯重新组合部分的亲缘突变线索，必须在两端向中心读取被标记出的每次变异，以便寻找到一位共同的男性祖先，他被称为染色体亚当，据估计，他生活在大约9万年前的非洲。

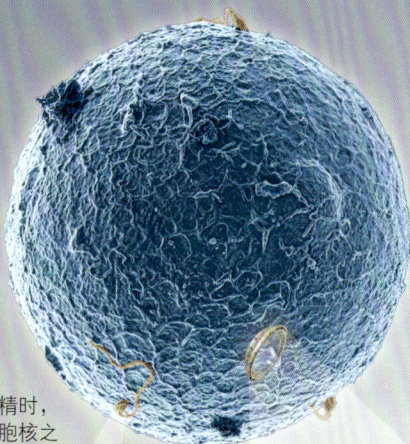

线粒体DNA
线粒体中含环状DNA。这种DNA仅存在唯一一个重组的部分，称为高变区1（HVR1）和高变区2（HVR2），基因突变就发生在这里。随着时间的推移，突变留下了标记，可以根据其从末端到中心的位置进行追溯。因为线粒体随母亲遗传，所以其突变可以追溯至一位女性遗传祖先。"线粒体夏娃"生活在大约150 000年前的撒哈拉以南的非洲地区。她并非那一时代独有的女性，也不是她那种群体仅有的一位，然而，她是其群体中基因得到遗传的唯一一位女性。

遗传多样性和种系发生

遗传学家已经在统计层面上确定每三代就会发生留存于后裔DNA的突变。他们利用这种统计和人口研究，计算出"线粒体夏娃"和"染色体亚当"的年龄。如果从现代至古代追溯突变的路径，亲缘路径将使人们发现这些遗传祖先。然而，实际上，许多突变路径表现为死胡同，也就是说，由于多种多样的原因，他们没有留下后代。这些联系都是所谓的种系发生学研究的一部分，它们构成了清晰的单倍群，每个单倍群代表着一个物种的遗传多样性。

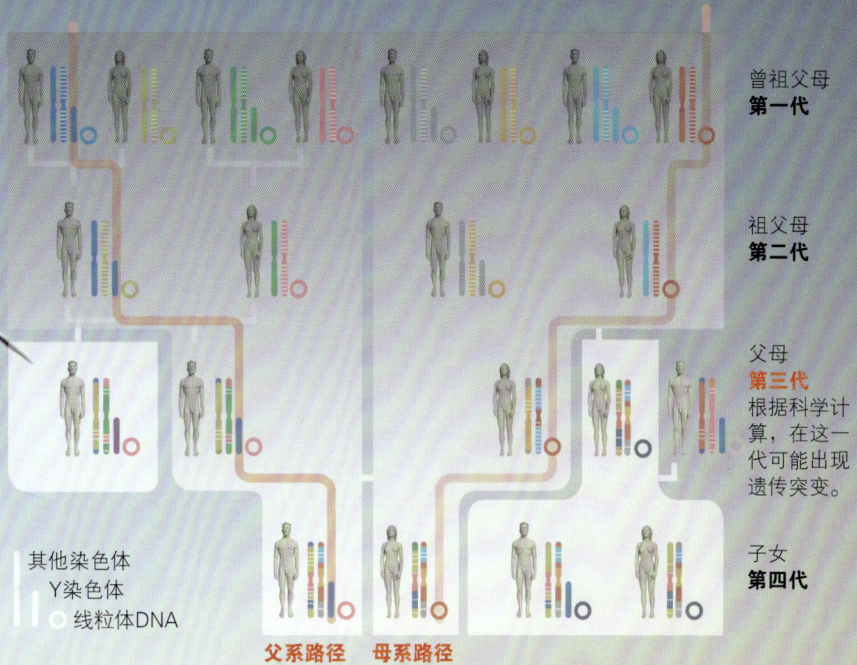

曾祖父母
第一代

祖父母
第二代

父母
第三代
根据科学计算，在这一代可能出现遗传突变。

子女
第四代

其他染色体
Y染色体
线粒体DNA

父系路径　母系路径

遗传漂变

每次发生突变，这种突变将作为一种标志继续在后代身上体现出来。遗传漂变解释了这种突变的传播，以及这种传播的效率与一组个体的数量、其在某一区域生活的时间和环境之间的关系。如果组群较小，那么遗传漂变成功的机会将增加，因为遗传漂变在改变遗传模式方面更为有效。此外，同一个组群留在同一个地区的时间越长，就会发生越多的突变情况。发现突变情况最多的地区是非洲，这支持了人类在非洲生活时间最长的假说。

单倍群

是一组拥有相同的遗传血统、可通过典型的突变特征进行识别的人。

L0 和 L1是最为古老的
这些单倍群DNA突变的数量最多，是最古老的人类群体。他们是非洲的桑人和科伊科伊人。

150 000年前
仅在非洲发现了智人。

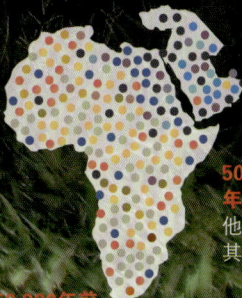

50 000~70 000年前
他们通过红海到达其他大洲。

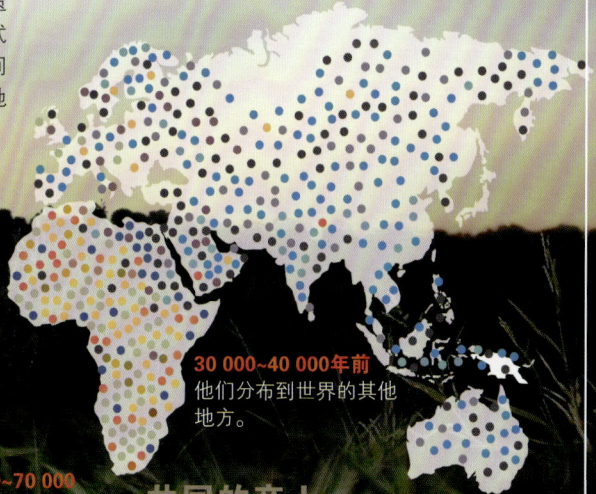

30 000~40 000年前
他们分布到世界的其他地方。

共同的亲人

单从遗传学方面，DNA使我们能够想象原始的亚当和夏娃，他们是我们的遗传祖先。然而，目前所有活着的人类的共同祖先是谁则是一个完全不同的课题。一些科学假说认为与我们每个人相关的祖先大约生活在1000~10 000年前。

术 语

氨基酸

生物用于形成蛋白质的20种化合物之一。

胞嘧啶

构成DNA分子的四种碱基之一。

表现型

或称表型。在生物学上，指一个基因型在特定环境下出现的明显表现。

病毒

由封闭在被囊体或蛋白质结构包膜中的DNA或RNA构成的生物体。病毒能侵入细胞，并利用被入侵的细胞制造更多的病毒。

DNA测序

获得构成DNA的碱基结构的过程。通常将DNA长链分为较小的单元进行研究。

DNA足迹

通过DNA信息识别一个人，用于取证工作。

大肠杆菌

一种经常被大量用于遗传试验的细菌。

代

一个家族或一个物种历史上的"一级"。父母与子女之间为一代。

单倍体

与二倍体细胞不同，这种细胞之中只有一套染色体。配子就是单倍体细胞。

蛋白质

一种天然的或合成的氨基酸化合物，在生命

体中具有重要职能。

等位基因

同一个基因的不同形式。例如眼睛颜色的基因可以具有棕色和蓝色的等位基因。

端粒

端粒染色体末端的DNA序列，每次细胞分裂时会变短。细胞能够分裂的次数取决于端粒的长度。

端粒酶

能够修复染色体端粒的蛋白质。仅见于某些细胞中。

二倍体

具有两套染色体的细胞。用符号2n表示。

繁殖

指通过有性或无性方式制造同一物种的新的生物体。使配子受精属于有性繁殖，而单性生殖则不属于有性繁殖。

放射性

指某些化学元素能够释放能量的特性。这种能量可以导致基因突变甚至癌症等疾病。

分子

一个物质在不丧失其化学性质的条件下能够被分成的最小的单位。比它更小一级的是原子。

复制品

原本的精确或近似精确的副本。病毒侵入细胞后会产生自身的复制品。

干细胞

能够发育成为某种特定类型的细胞或机体组织的细胞。多功能干细胞可以发育成机体中其他任何类型的细胞。

含氮碱基

一种化合物。四种不同类型的DNA含氮碱基根据其不同的组合形式构成遗传密码。

核糖体

能够读取基因指令并合成相应蛋白质的一种细胞组成部分。

后裔

属于后代子孙的家庭成员，如子女，孙子女，或曾孙子女。

化石

指所有曾经存在的生命的痕迹，包括未石化的痕迹。

基因

染色体的信息单位，DNA分子中执行某种特殊功能的核苷酸序列。

基因疗法

通过使用正确的基因代替患者的具有缺陷的、可导致某种疾病的基因来治疗疾病的方法。

基因枪法

一种重组基因技术，将有重金属涂层的质粒DNA注入细胞，使其以预期的方式进入细胞核并重组基因。

基因突变

指复制细胞DNA时出现的错误。一些突变可以是有益的，它能够提高细胞的原有品质。一般认为突变引起了物种进化。大部分的突变情况形成了封闭的进化路线。

基因组

一个物种的一整套基因。

激素

一种腺体分泌物，具有刺激、抑制或调节其他腺体、系统或身体器官行为的功能。

型

也称染色质组型。根据形状、数量或大小而对细胞染色体进行的排列。

减数分裂

指由1个细胞形成4个子细胞的细胞双重分裂形式，这4个子细胞各拥有原细胞一半数量的染色体。配子形成时的分裂形式就是典型的减数分裂。

角蛋白

存在于皮肤、毛发和指甲中的一种蛋白质。

进化

一个物种或一种生物逐渐发生的改变，但不一定是进步。达尔文在他的著作《论物种起源》中将其理论化。

精子细胞（精子）

雄配子或雄性生殖细胞。

考古学家

根据人类遗留的物品（如建筑、陶器和武器等）研究人类历史的科学家。

克隆

生产克隆体的过程。

克隆体

与一个生命体完全相同的另一个生命体。还可以指完全一致的生命体的一部分，如器官或DNA片段。

连接酶

遗传学家用于连接DNA片段的蛋白质。

卵子

雌配子或雌性生殖细胞。

螺旋

类似于沿着圆柱体表面缠绕的曲线的几何盘旋形状，DNA分子就以这种形状盘绕卷曲。

媒介物

指在基因工程中，将DNA新序列介导至一个生物体的物质。病毒和细菌都经常被用作媒介物。

酶

帮助调节细胞内化学进程的蛋白质。

灭绝

指一个或多个物种的所有样本全部消失。

木乃伊

采取人工方法处理过的，能够长时间保存的人类尸体。对木乃伊进行基因研究能够得到关于过去生命的许多证据。

内质网

窄的通道组织，能够将各种物质和分子在细胞内从一个点运输到另一个点。

PCR（聚合酶链式反应）

一种使用聚合酶增殖DNA片段的技术。

胚胎

由精子细胞受精后的卵。它可以发育成为一个成熟生物。

配子

即生殖细胞，也称为性细胞，如精子和卵子。

奇美拉

希腊神话中具有狮子的头、山羊的身体以及蛇的尾巴的怪物。在遗传学中，这个词指代假设的使用不同物种的部分创造出的生物。

取证

研究犯罪证据的科学过程。

RNA

核糖核酸的英文缩写。为一种类似于DNA的核酸，用来将DNA代码拷贝运输至核糖体，在核糖体中生成蛋白质。

RNA聚合酶

一种作为催化剂能够根据DNA编码合成RNA分子的酶。

染色体

细胞核内盘绕的DNA序列。一个细胞通常有一个以上的染色体，它们构成了个体的基因遗传。

染色体交叉

某些鸟类（例如鹈鹕）在下颌底部具有的一个皮囊。

人工授精

一种让卵子受精的技术。经常在体外完成，之后移植受精卵至体内受孕。

人工育种

与自然育种不同，人类由此介入物种形成的进程中，如培育动植物以改善其性状。

人类学家

从社会和生物学关系的角度研究人类的科学家。

溶酶体

能够分解并重新使用破损的蛋白质的一种细胞组成部分。

设计婴儿

根据一套基因特征，在出生前对基因进行过选择的胚胎所发育的人类婴儿。

生物勘探

从生物身上提取样本，发现可申请专利以获取经济利益的基因。

生物学家

研究生物的科学家。

生殖细胞

一种具有生殖功能的特殊的细胞，也被称为配子，诸如卵子、精子和花粉等。

适应

生物体组织的一种特殊特征，其生理机能或行为使其能够生活在所处的环境中。

噬菌体

只能感染细菌的病毒。它们一般被用做基因工程的带菌者。

受精

雄配子与雌配子结合，形成合子的过程，合子可能会发育成一个新个体。

受精卵

配子结合后，采用有性繁殖形式的生物体生成的第一个细胞。

双螺旋

几何空间中的交织在一起的两个螺旋形状。DNA链即是这种形状。

酸

一种化合物。DNA、醋和柠檬汁都是弱酸。

糖尿病

一种导致机体无法合成所需数量胰岛素的疾病，而胰岛素是机体正常运作必需的一种蛋白质。

填充DNA

不提供遗传信息的，很长且重复的DNA序列，也被称为"垃圾DNA"。

同卵双胞胎

从单一的受精卵分裂成两个、并由此发育而成的双胞胎，之后将形成两个基因完全相同的个体。

脱氧核糖核酸

带有编码遗传信息的双螺旋结构分子。

物种

进化过程中的最小分类单位。最初是根据每种个体的表型对其进行定义。目前在遗传学领域出现了关于物种定义的新问题。

物种形成

指由于各种原因导致的由一个物种形成新的物种的进化过程。

X染色体

能够决定一个人性别的染色体之一。

系统发生学

一种关于不同物种之间的进化关系的研究，以重建其物种生成的历史。

细胞

构成生物的最小的独立单元。

细胞核

一个细胞的中心部分，含有染色体并能够调节细胞活动。某些细胞中，细胞核分化良好；另一些细胞则没有细胞核，如一些细菌和血红细胞。

细胞膜

所有含有细胞质的活细胞表面覆盖的柔韧部分。是一种半透膜，能够调节与外界的水和气体交换。

细胞器

指细胞器官，包括线粒体、核糖体和溶酶体，它们各自具有不同的特定功能。

细胞质

含有细胞器的水状或凝胶状物质，它占据了细胞内部除细胞核外的大部分空间。

细菌

一种原核（它们的细胞核无膜围）单细胞生物，有些能够导致疾病，有些则不会致病，甚至是有益的。

显性基因

在一对等位基因中，总是能够得到表达的基因。

限制性内切酶

又称限制酶。某些细菌中含有的能够切割DNA分子的蛋白质。

线粒体

利用食物和氧气为细胞产生能量的细胞器。

线粒体DNA

细胞线粒体中含有的少量DNA。

协同进化

当多个物种一起进化时，一个物种的变化引发其他物种为相互适应而发生变化。

胸腺嘧啶

构成DNA的四种碱基之一，以不同的序列形式相结合形成基因。

选择性育种

在植物或动物培育领域，通过人工干预选择其遗传性状而获致新品种的过程。农艺师、兽医和遗传学家使用选择性育种的方式来改良某些物种和品种，以达到提高生产力和作物产量等目的。

血友病

由于缺乏凝血因子（其中最重要的是第八和第九因子）导致的一种遗传性疾病。最常见的症状是自发性出血。

Y染色体

决定男性性别的染色体，仅由父亲传给儿子。

胰腺

能产生胰岛素的器官，位于胃的下方。

遗传

在遗传学中，指所有类型的遗传物质由亲代传至子代的现象。

遗传病

部分或完全由基因障碍引发的疾病。

遗传工程

与技术应用相关的遗传学应用研究。

遗传性状

遗传给生物体后代的身体特征，如毛发的颜色和身高等。

遗传学

对DNA和基因进行研究的科学。

遗传学家

研究遗传学的科学家。

隐性基因

在一对等位基因中，即便自身存在但能否得到表现却取决于显性基因是否存在的基因。

优生学

一门通过选择和控制人类基因改良人类的科学，其目的备受争议。

有丝分裂

指由一个细胞分裂产生两个遗传特性完全相同的子细胞的分裂形式，是细胞分裂的最常见形式。

植入前遗传诊断

指根据首选遗传条件在体外试管选择胚胎的方法。之后将被选胚胎植入子宫自然发育。

重组DNA

含有来自一个或多个生物体DNA片段的组合DNA序列。

转基因

指使用其他物种的一个或多个基因对一个物种进行基因改造的过程。

转录

指通过RNA聚合酶，将DNA链复制到RNA互补序列的过程。

自然选择

指只有适应性最强的生物体能够存活繁衍和进化的过程。这种选择形式完全不受人类的干预。

阻遏物

结合到DNA链上阻碍基因功能的蛋白质。

索 引